全国高职高专"十三五"规划教材

Photoshop 图像处理与制作

主　编　李观金　林龙健　李春燕

副主编　吴研婷　黎夏克　万振杰　邝楚文

中国水利水电出版社
www.waterpub.com.cn
·北京·

内 容 提 要

本书的编写突出了"职业技能应用"和"课证融合"的特点，内容编排上遵循"实用""够用"的原则，结合 Photoshop 相关的职业技能证书及计算机水平考试等级证书的考试大纲，以循序渐进的方式，将知识点和技术点融合在案例中，让学生学习完成后，能快速掌握一些必备的专业知识及基本技能并能够考取 Photoshop 相关的职业技能证书或计算机水平等级证书，帮助学生顺利应聘相应的工作岗位。

全书共分 10 章：Photoshop 基础知识、选区、绘图和修图、图像、图层、通道与蒙版、路径、文本的输入与编辑、滤镜、综合应用案例，并附以 Photoshop 模块的全国计算机信息高新技术考试中级、高级和全国高等学校计算机水平考试 II 级的考试大纲。

本书可供高等院校各专业 Photoshop 图形图像处理相关课程教学使用，也可作为全国计算机信息高新技术考试中级、高级和全国高等学校计算机水平考试 II 级 Photoshop 模块的培训教材以及从事平面设计工作的人员与广大平面设计爱好者的学习和参考用书。

本书配有电子教案，读者可以到中国水利水电出版社网站和万水书苑上免费下载，网址为 http://www.waterpub.com.cn/softdown/和 http://www.wsbookshow.com。

图书在版编目（C I P）数据

Photoshop图像处理与制作 / 李观金，林龙健，李春
燕主编. -- 北京：中国水利水电出版社，2018.3（2023.7 重印）
全国高职高专"十三五"规划教材
ISBN 978-7-5170-6305-6

Ⅰ．①P… Ⅱ．①李… ②林… ③李… Ⅲ．①图象处
理软件－高等职业教育－教材 Ⅳ．①TP391.413

中国版本图书馆CIP数据核字(2018)第018703号

策划编辑：陈红华   责任编辑：王玉梅   封面设计：李 佳

书　　名	全国高职高专"十三五"规划教材 Photoshop 图像处理与制作 Photoshop TUXIANG CHULI YU ZHIZUO
作　　者	主　编　李观金　林龙健　李春燕 副主编　吴研婷　黎夏克　万振杰　邝楚文
出版发行	中国水利水电出版社 （北京市海淀区玉渊潭南路 1 号 D 座　100038） 网址：www.waterpub.com.cn E-mail：mchannel@263.net（答疑） 　　　　sales@mwr.gov.cn 电话：（010）68545888（营销中心）、82562819（组稿）
经　　售	北京科水图书销售有限公司 电话：（010）68545874、63202643 全国各地新华书店和相关出版物销售网点
排　　版	北京万水电子信息有限公司
印　　刷	三河市鑫金马印装有限公司
规　　格	184mm×260mm　16 开本　15.25 印张　390 千字
版　　次	2018 年 3 月第 1 版　2023 年 7 月第 10 次印刷
印　　数	24001—26000 册
定　　价	34.00 元

前　　言

Adobe Photoshop 因其强大的功能，已被广泛应用于平面设计、广告摄影、影像创意、网页设计、后期修饰、视觉创意、界面设计等领域，成为了全球公认的优秀图像处理软件，深受广大平面设计爱好者青睐。

"Photoshop 图像处理与制作"是一门实践性很强的技术入门课程，兼具设计性、实操性和应用性。因此，本书的编写突出"职业技能应用"和"课证融合"的特点，注重对学生职业技能和职业素质的培养。内容编排上遵循"实用""够用"的原则，结合 Photoshop 相关的职业技能证书及计算机水平考试等级证书的考试大纲，以循序渐进的方式，将知识点和技术点融合在案例中，让学生学习完成后，能快速掌握一些必备的专业知识及基本技能并能够考取 Photoshop 相关的职业技能证书或计算机水平等级证书，帮助学生顺利应聘相应的工作岗位。

本书与其他 Photoshop 图形图像处理的书籍相比，具有以下几方面特色：

（1）结构合理，易学易用。

从读者的实际需求出发，内容循序渐进、由浅入深，并采用"步骤讲述+配图说明"的编写方式，读者既可按照本书编排的章节顺序进行学习，也可根据自身知识情况进行针对性的学习。

（2）理论与实践紧密结合。

本书摒弃枯燥的理论和简单的操作，将知识点和技术点融合在案例中，通过具体的演示实例讲解每一个知识点的具体用法，强调能力目标、知识目标和情感目标，突出对学生"职业技能应用"的培养。

（3）课证融合。

结合全国职业技能考证和全国高等学校计算机水平考试 II 级考证，教材内容编排上紧密结合全国计算机信息高新技术考试图形图像处理（Photoshop 平台）图像制作员级、高级制作员级和全国高等学校计算机水平考试 II 级"Photoshop 图像处理与制作"的考试大纲，将考点内容融合到具体实例当中，学生学完后同时也掌握了考证的技能点。

（4）配套资源丰富。

在配套服务上，该教材配有精美 PPT 课件、案例及实训素材，后续将提供网络自主学习平台在线资源，方便读者自主学习与交流。

本书由惠州经济职业技术学院的一支教学经验丰富的专业教师团队编写，凝聚了一线教师多年的课程教学和考证培训经验。本书由李观金、林龙健、李春燕任主编，吴研婷、黎夏克、万振杰、邝楚文任副主编。感谢惠州经济职业技术学院信息工程学院薛晓萍院长以及各位同事的支持和指导。

由于作者水平有限，加之编写时间仓促、内容较多，书中难免存在不当之处，恳请广大读者批评指正。

同时感谢中国水利水电出版社为本教材的编写和出版给予的大力支持。

编　者

2017 年 12 月

目　　录

第 1 章　Photoshop 基础知识

知识目标：
- 了解图像处理的基础知识。
- 了解 Adobe Photoshop 的基础知识。
- 掌握 Photoshop 的基本操作。

能力目标：
- 能够熟悉 Photoshop 的操作界面。
- 能够利用 Photoshop 对图像文件进行基本的操作。

素质目标：
- 培养学生认真的学习态度和自主学习的积极性。
- 提高学生的艺术素养。

1.1　图像处理基础

1.1.1　位图与点阵图

计算机中的图像按信息的表示方式可分为位图和矢量图两种。通常所讲的图像是指位图（也称点阵图），图形指的是矢量图。

1. 位图

位图（Bitmap）也叫点阵图像，是由很多个像素（色块）组成的图像。位图的每个像素点都含有位置和颜色信息，一幅位图图像是由成千上万个像素点组成的。位图图形细腻、颜色过渡缓和、层次丰富，Photoshop 软件生成的图像一般都是位图。

位图的清晰度与像素点的多少有关，单位面积内像素点数目越多则图像越清晰；对于高分辨率的彩色图像用位图存储所需的储存空间较大；位图放大后会出现马赛克，整个图像会变得模糊。

位图（点阵图）的文件格式有很多，如 bmp、pcx、gif、jpg、tif、psd 等。

2. 矢量图

矢量图（Vector Graphic）又称为向量图形，是由线条和节点组成的图像。无论放大多少倍，图形仍能保持原来的清晰度，无马赛克现象且色彩不失真。矢量图比较适用于编辑边界轮廓清晰、色彩较为单纯的色块或文字，如 Illustrator、PageMaker、FreeHand、CorelDRAW 等绘图软件创建的图形都是矢量图。

矢量图的文件大小与图像大小无关，只与图像的复杂程度有关，因此简单图像所占的存储空间小；矢量图可无损缩放，不会产生锯齿或模糊。

常用的矢量图文件格式有 CDR、WMF、ICO 等。

1.1.2　像素与分辨率

1. 像素

像素（Pixel）是构成位图图像的最小单位。每一个像素具有位置和颜色信息，位图中的每一个小色块就是一个像素。像素仅仅只是分辨率的尺寸单位，而不是画质。

2. 分辨率

分辨率（Resolution）是单位长度内的点、像素的数量。例如 300×300ppi 分辨率，即表示水平方向与垂直方向上每英寸长度上的像素数都是 300，也可表示为一平方英寸内有 9 万（300×300）像素。分辨率高低直接影响位图图像的效果，太低会导致图像粗糙，在排版打印时图片会变得非常模糊；而使用较高的分辨率则会增加文件的大小，并降低图像的打印速度。

1.1.3　图像的文件格式

图像文件格式是记录和存储影像信息的格式。对数字图像进行存储、处理、传播，必须采用一定的图像格式，也就是把图像的像素按照一定的方式进行组织和存储，把图像数据存储成文件就得到图像文件。图像文件格式决定了应该在文件中存放何种类型的信息，文件如何与各种应用软件兼容，文件如何与其他文件交换数据。Photoshop 支持的图像的格式有很多，用户应根据图像的用途决定图像存为何种格式。下面主要介绍 Photoshop 中常用的文件格式。

1. PSD 和 PDD 格式

PSD、PDD 是 Photoshop 的专用文件格式，可保存层、通道、路径等信息，文件比较大。所以 Photoshop 能以比其他格式更快的速度打开和储存它们。但是，尽管 Photoshop 在计算过程中应用压缩技术，但用这两种格式储存的图像文件仍然特别大。不过，用这种格式储存图像不会造成任何的数据流失，所以当在编辑过程中时，最好还是选择这两种格式存储，以后再转换成占用磁盘空间较小，储存质量较好的其他档案格式。

2. BMP 格式

BMP 格式是微软公司绘图软件的专用格式，文件扩展名为.bmp、.rle 和.dib，是 Photoshop 最常用的位图格式之一，支持 RGB、索引、灰度和位图等颜色模式，但不支持 Alpha 通道。

3. Photoshop EPS 格式（*.eps）

Photoshop EPS 是最广泛地被向量绘图软件和排版软件所接受的格式。可保存路径，并在各软件间进行相互转换。若用户要将图像置入 CorelDRAW、Illustrator、PageMaker 等软件中，可将图像存储成 Photoshop EPS 格式，它不支持 Alpha 通道。

4. Photoshop DCS 格式（*.eps）

标准 EPS 文件格式的一种特殊格式，支持 Alpha 通道。

5. JPEG 格式（*.jpg）

JPEG 格式是一种压缩效率很高的存储格式，是一种有损压缩方式。支持 CMYK、RGB 和灰度等颜色模式，但不支持 Alpha 通道。JPEG 格式也是目前网络可以支持的图像文件格式之一。

6. TIFF 格式（*.tif）

TIFF 格式是为 Macintosh 开发的最常用的图像文件格式。它既能用于 MAC，又能用于 PC，是一种灵活的位图图像格式。TIFF 在 Photoshop 中可支持 24 个通道，是除了 Photoshop 自身格式外唯一能存储多个通道的格式。基于桌面出版的，采用无损压缩。

7.　AI 格式

AI 格式是 Illustrator 的源文件格式。在 Photoshop 软件中可以将保存了路径的图像文件输出为 AI 格式，然后在 Illustrator 和 CorelDRAW 软件中直接打开它并进行修改处理。

8.　GIF 格式

GIF 格式是由 CompuServe 公司制定的，只能处理 256 种色彩；常用于网络传输，其传输速度要比传输其他格式的文件快很多，并且可以将多张图像存成一个文件而形成动画效果。

9.　PDF 格式

PDF 格式是 Adobe 公司推出的专为网上出版而制定的，Acrobat 的源文件格式。不支持 Alpha 通道。在存储前，必须将图片的模式转换为位图、灰度、索引等颜色模式，否则无法存储。

10.　PNG 格式

PNG 格式是 Netscape 公司针对网络图像开发的文件格式。这种格式可以使用无损压缩方式压缩图像文件，并利用 Alpha 通道制作透明背景，是功能非常强大的网络文件格式，但较早版本的 Web 浏览器可能不支持。

1.1.4　颜色模型和模式

1.　颜色模型

颜色模型是表现颜色的一种数学算法。

（1）HSB 模型：所有颜色都用 Hue（色相或色调）、Satruation（饱和度）、Brightness（亮度）这三个特性来描述。

色相：物体反射或透射的光的波长（物体的颜色）。

饱和度：颜色的强度或纯度。

亮度：颜色的相对明暗程度。

（2）RGB 模型：用红（Red）、绿（Green）、蓝（Blue）三色光的不同比例和强度的混合来表示。

三种原色中的任意两种颜色相互重叠，就会产生间色；三种原色相互混合形成为白色，所以又称为"加色法三原色"。

（3）CMYK 模型：以打印在纸上的油墨的光线吸收特性为基础。

印刷品上的颜色是通过油墨显现的，不同颜色的油墨混合产生不同的颜色效果。油墨本身并不发光，它是通过吸收（减去）一些色光，而把其他色光反射到人们的眼睛里产生的颜色效果。又称为"减色模型"。

印刷制版是通过 4 种颜色进行的，即洋红（Magenta）、青色（Cyan）、黄色（Yellow）和黑色（Black）。

（4）Lab 模型：根据国际照明委员会（CIE）在 1931 年制定的一种测定颜色的国际标准建立的，于 1976 年被改进，并且命名的一种色彩模式。

Lab 颜色与设备无关，无论何种设备都能生成一致的颜色。

Lab 颜色由亮度分量（L）和两个色度分量组成：a 分量（从绿到红）和 b 分量（从蓝到黄），具有最宽的色域。

2．色彩模式

色彩模式是图像色彩的形成方式。

（1）RGB 模式：该模式下图像是由红（R）、绿（G）、蓝（B）三种基色按 0～255 的亮度值混合构成，大多数显示器均采用此种色彩模式。

三种基色亮度值相等产生灰色；都为 255 时，产生纯白色；都为 0 时，产生纯黑色。

（2）CMYK（印刷四色模式）：该模式下图像是由青（C）、洋红（M）、黄（Y）、黑（K）4 种颜色构成，主要用于彩色印刷。在制作印刷文件时，最好保存成 TIFF 格式或 EPS 格式，这些都是印刷上支持的文件格式。

（3）Lab（标准色模式）：该模式是 Photoshop 的标准色彩模式，也是不同颜色模式之间转换时使用的中间模式。它的特点是在不同的显示器或打印设备时，所显示的颜色都是相同的。

（4）灰度模式：该模式下图像由具有 256 级灰度的黑白颜色构成。一幅灰度图像在转变成 CMYK 模式后可以增加色彩；如果将 CMYK 模式的彩色图像转变为灰度模式，则颜色不能恢复。

（5）位图模式：该模式下图像由黑白两色组成，图形不能使用编辑工具，只有灰度模式才能转变成位图模式。

（6）索引模式：该模式又叫图像映射色彩模式，这种模式的像素只有 8 位，即图像只有 256 种颜色，是网络和动画中常用的图像模式。

（7）双色调模式：该模式采用 2～4 种彩色油墨混合其色阶来创建双色调（两种颜色）、三色调（三种颜色）、四色调（四种颜色），主要用于减少印刷成本。

（8）多通道模式：若图像只使用了 1～3 种颜色时，使用该模式可减少印刷成本并保证图像颜色的正确输出。

（9）8 位/通道和 16 位/通道模式：8 位/通道中包含 256 个灰阶，16 位/通道包含 65535 个灰阶。在灰度、RGB 或 CMYK 模式下可用 16 位/通道代替 8 位/通道。16 位/通道模式的图像不能被打印，且有的滤镜不能用。

3．颜色模式的转换

灰度模式是位图/双色调模式和其他模式相互转换的中介模式。

只有灰度模式和 RGB 模式的图像可以转换为索引颜色模式。

Lab 模式色域最宽，包括 RGB 和 CMYK 色域中所有颜色。Photoshop 是以 Lab 模式作为内部转换模式。

多通道模式可通过转换颜色模式和删除原有图像的颜色通道得到。

1.2　认识 Adobe Photoshop

1.2.1　Photoshop 概述

Photoshop 软件主要是用来处理以像素构成的数字图像。它有近百个编修与绘图工具，可以有效地进行图片编辑工作。Photoshop 有很多功能，在图像、图形、文字、视频等各方面都有涉及，用途非常广泛。

在现实生活中，有一些个人写真、电影海报、卡通动漫，还有一些在杂志上的设计插画，都非常漂亮，同样电脑中的一些壁纸，也有非常炫酷的，那么它们是怎么设计出来的呢？答案就是我们将要学习的这款软件，它的名字就是 Adobe Photoshop，很多漂亮的平面作品，都是通过它设计出来的。

1.2.2　Photoshop 的操作界面

启动 Photoshop 后，新建一幅图像，其界面布局如图 1-1 所示。

图 1-1　Photoshop 操作界面

1. 菜单栏

菜单栏位于界面最上方，包含了用于图像处理的各类命令，共有 11 个菜单（文件、编辑、图像、图层、选择、滤镜、分析、3D、视图、窗口、帮助），每个菜单下又有若干个子菜单，选择子菜单中的命令可以执行相应的操作。

2. 标题栏

标题栏位于工具选项栏下方，显示了文档名称、文件格式、窗口缩放比例和颜色模式等信息。

3. 工具箱

工具箱的默认位置位于界面左侧，通过单击工具箱上部的双箭头，可以在单列和双列间进行转换。工具箱的工具组成如图 1-2 所示。

4. 工具属性栏

工具属性栏位于菜单栏下方，其功能是显示工具箱中当前被选择工具的相关参数和选项，以便对其进行具体设置。

5. 面版区

面版区的默认位置位于界面右侧，主要用于存放 Photoshop 提供的功能面板。

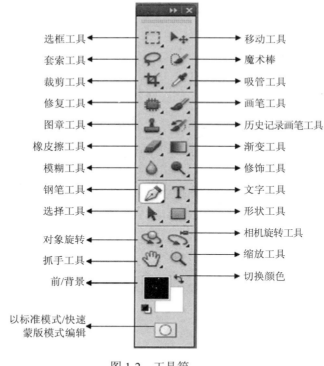

选框工具 → 移动工具
套索工具 → 魔术棒
裁剪工具 → 吸管工具
修复工具 → 画笔工具
图章工具 → 历史记录画笔工具
橡皮擦工具 → 渐变工具
模糊工具 → 修饰工具
钢笔工具 → 文字工具
选择工具 → 形状工具
对象旋转 → 相机旋转工具
抓手工具 → 缩放工具
前/背景 → 切换颜色

以标准模式/快速
蒙版模式编辑

图 1-2   工具箱

6. 图像窗口

图像窗口中显示所打开的图像文件。

7. 状态栏

状态栏位于工作界面或图像窗口最下方，显示当前图像的状态及操作命令的相关提示信息。

1.2.3 Photoshop 的新增特性

Photoshop CS5 和 Photoshop CS5 Extended 在上一版本的基础上增加和完善了许多激动人心的新功能。

1. 更加简单

轻击鼠标就可以选择一个图像中的特定区域。轻松选择毛发等细微的图像元素；消除选区边缘周围的背景色；使用新的细化工具自动改变选区边缘并改进蒙版。

2. 感知型填充

删除任何图像细节或对象，并静静观赏内容感知型填充神奇地完成剩下的填充工作。这一突破性的技术与光照、色调及噪声相结合，删除的内容看上去似乎本来就不存在。

3. HDR 成像

借助前所未有的速度、控制和准确度创建写实的或超现实的 HDR 图像。借助自动消除迷影以及对色调映射和调整更好的控制，可以获得更好的效果，甚至可以令单次曝光的照片获得 HDR 的外观。

4. 原始图像处理

使用 Adobe Photoshop Camera Raw 6 增效工具无损消除图像噪声，同时保留颜色和细节；增加粒状，使数字照片看上去更自然；执行裁剪后暗角的控制度更高，等等。

5．绘图效果

借助混色器画笔（提供画布混色）和毛刷笔尖（可以创建逼真、带纹理的笔触），将照片轻松转变为绘图或创建独特的艺术效果。

6．操控变形

对任何图像元素进行精确的重新定位，创建出视觉上更具吸引力的照片。例如，轻松伸直一个弯曲角度不舒服的手臂。

7．自动镜头校正

镜头扭曲、色差和晕影自动校正可以节省时间。Photoshop 使用图像文件的 EXIF 数据，根据使用的相机和镜头类型做出精确调整。

8．高效工作流程

由于 Photoshop 用户请求的大量功能及功能的不断增强，可以提高工作效率，如自动伸直图像，从屏幕上的拾色器拾取颜色，同时调节许多图层的不透明度，等等。

9．GPU 加速

充分利用针对日常工具，支持 GPU 的增强。使用三分法则网格进行裁剪；使用单击擦洗功能缩放；对可视化更出色的颜色以及屏幕拾色器进行采样。

10．用户界面管理

使用可折迭的工作区切换器，在喜欢的用户界面配置之间实现快速导航和选择。实时工作区会自动记录用户界面更改，当切换到其他程序再切换回来时面板将保持在原位。

11．黑白转换

尝试各种黑白外观。使用集成的 Lab B&W Action 交互转换彩色图像；更轻松、更快地创建绚丽的 HDR 黑白图像；尝试各种新预设。

12．3D 控制功能

使用大幅简化的用户界面直观地创建 3D 图稿。使用内容相关及画布上的控件来控制框架以产生 3D 凸出效果、更改场景和对象方向以及编辑光线等等。使用动画时间轴对所有 3D 属性进行动画处理，属性包括相机、光源、材料和网格。导出 3D 动画时的最终渲染性能获得了极大的改进。

1.3　Photoshop 基本操作

1.3.1　文件的创建、打开和存储

1．文件的创建

打开 Photoshop 软件，单击菜单栏的"文件"→"新建"命令（或者用组合键 Ctrl+N），然后在弹出的"新建"对话框设置各项参数，单击"确定"按钮后即可创建一个新文件。"新建"对话框如图 1-3 所示。

2．文件的打开

单击菜单栏的"文件"→"打开"命令（或者用组合键 Ctrl+O），在弹出的"打开"对话框中选择要打开的图片，单击"打开"按钮。"打开"对话框如图 1-4 所示。

图 1-3　"新建"对话框　　　　　　　　　　　图 1-4　"打开"对话框

3. 文件的存储

单击菜单栏的"文件"→"存储为"命令（或者用组合键 Shift+Ctrl+S），在弹出的"存储为"对话框中设置要保存的路径、文件名与文件格式，单击"保存"按钮。"存储为"对话框如图 1-5 所示。

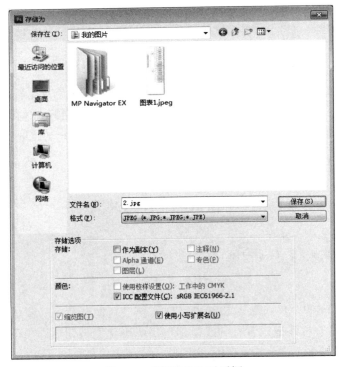

图 1-5　"存储为"对话框

除了使用"储存为"命令，还可以用"存储为 Web 和设备所用格式"命令来进行保存。"存储为 Web 和设备所用格式"对话框如图 1-6 所示。

图 1-6　"存储为 Web 和设备所用格式"对话框

1.3.2　Photoshop 的视图与辅助功能

1. 屏幕模式

Photoshop 的屏幕模式有三种：标准屏幕模式、带有菜单栏的全屏模式和全屏模式（在该模式下隐藏菜单，鼠标滑过边线时显示相应的内容，按 F 或 Esc 键时返回标准屏幕模式）。设置屏幕模式如图 1-7 所示。

图 1-7　设置屏幕模式

2. "导航器"控制面板

Photoshop 中的导航器，一般都是结合图片的放大或缩小来使用的。执行菜单栏中的"窗口"→"导航器"，打开"导航器"面板，如图 1-8 所示。

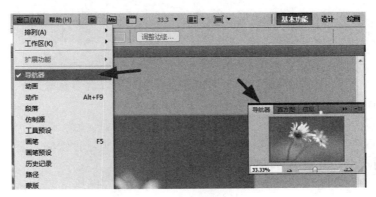

图 1-8　打开"导航器"

在"导航器"面板下方可设置图片的缩放比例。在导航器中间可预览整张图片，而红色的选框显示的是呈现在画布中的范围，如图 1-9 所示。

图 1-9   导航器显示范围

3. 标尺、网格与参考线

（1）标尺。

在 Photoshop 中，在图像处理和绘制图像时，可以使用标尺精确地定位图形，特别是一些手工制作的图形部分。

单击菜单栏的"视图"→"标尺"，可以打开标尺（或者利用组合键 Ctrl +R），如图 1-10 所示。

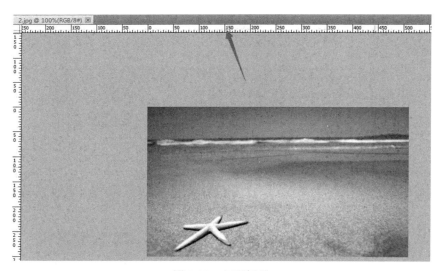

图 1-10   打开标尺

打开标尺后，可以看到标尺的原点，通常是在(0,0)，可以调节标尺的原点的位置，将光标放到标尺交汇的位置，用鼠标拖动即可。

（2）网格。

在 Photoshop 中，用户可以利用网格，相当于在坐标纸上进行绘图。通常情况下，先将图形放大到合适的尺寸，再使用网格启动的方法。

单击菜单栏的"视图"→"显示"→"网格"，可以打开网格（或者利用组合键 Ctrl+'），如图 1-11 所示。

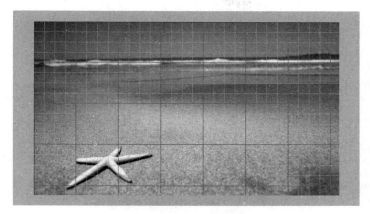

图 1-11　打开网格效果

（3）参考线。

在 Photoshop 中，可以在指定的位置建立相应的参考线，作为坐标，这样可以进一步进行精确的作图。

在菜单栏执行"视图"→"新建参考线"，在弹出的"新建参考线"对话框中选择取向和输入位置坐标即可。"新建参考线"对话框及其效果分别如图 1-12 和图 1-13 所示。

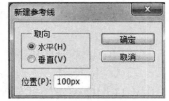

如果想锁定或取消锁定参考线，可单击菜单栏"视图"→"锁定参考线"（或利用组合键 Alt+Ctrl+;）。

如果不想使用参考线时，可以一次性清除所有添加的参考线，方法：在菜单栏中执行"视图"→"清除参考线"。

图 1-12　"新建参考线"对话框

锁定/清除参考线菜单如图 1-14 所示。

图 1-13　新建参考线效果

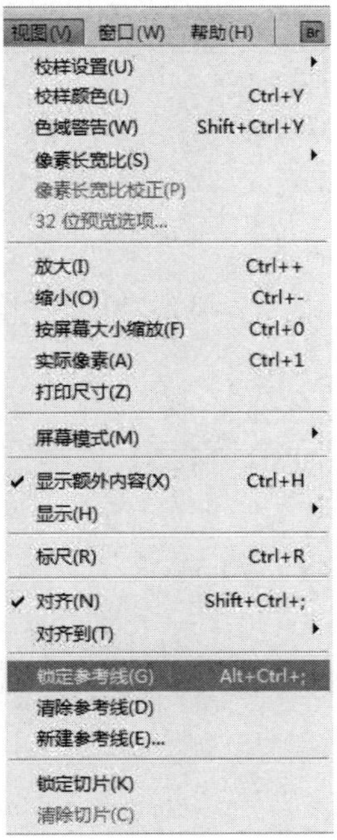

图 1-14　锁定/清除参考线

本章习题

1．在 Photoshop 中，切换为手掌工具，可以通过（　　）来完成。

    A．按 F 键　　　　　B．按空格键　　　　C．双击手掌工具　　　D．使用缩放工具

2．以 100%的比例显示图像需（　　）。

    A．Alt+单击图像　　　　　　　　　　B．选择"视图/满画布显示"

    C．双击"手掌工具"　　　　　　　　D．双击"缩放工具"

3．在 Photoshop 中，如果要使图像以全屏幕显示，可以通过（　　）来实现。

    A．按 F 键　　　　　　　　　　　　B．按空格键

    C．双击手掌工具　　　　　　　　　　D．双击缩放工具

4．如果要恢复默认设置，则可以按（　　）键，此时对话框中的"取消"按钮变成复位按钮，单击，可以恢复默认设置。

    A．Alt　　　　　　B．Ctrl　　　　　　C．Shift　　　　　　D．Esc

5．（多选题）下列可以获取图像的设备有（　　）。

    A．光盘　　　　　　B．数字相机　　　C．画册　　　　　　D．扫描仪

6．（多选题）Photoshop 中提供的有效的辅助工具是（　　）。

    A．标尺　　　　　　B．参考线　　　　C．网格工具　　　　D．度量工具

7．在图像编辑的过程中，如果出现误操作，可以通过（　　）恢复到上一步的操作。

    A．按组合键 Ctrl+Z

    B．按组合键 Ctrl+Y

    C．选择"文件"菜单中的"恢复"命令

    D．使用"历史记录"面板

第2章 选区

知识目标：
- 了解选区的基础知识。
- 了解管理编辑选区的相关知识。
- 熟悉创建规则选区和不规则选区的工具。

能力目标：
- 能够熟练创建各种不同形状的选区。
- 能够熟练地对选区进行编辑。

素质目标：
- 培养学生的艺术素养。
- 培养学生的动手能力、创新能力、灵活应用知识的能力。

2.1 创建选区的基本方法

2.1.1 选区的概念

选区实际就是要选择处理的部分，是 Photoshop 一个很重要的概念，如何获得选区也是衡量 Photoshop 图像处理水平的一个指标。选区是进行图像处理的第一步，也是最重要的一步，没有正确的选区就没有后面的各种操作和处理。

比如对一个图片的处理，最开始都是做选区，找到要做处理的那部分。获得选区的方法很多，有套索、魔棒、色彩选择等，和羽化、路径、通道、图层等结合使用可以得到和存储选区。

选区工具分规则选区选择工具和不规则选区选择工具。矩形选框工具、椭圆选框工具、单行选框工具和单列选框工具为规则选区选择工具；不规则选区选择工具有套索工具、多边形套索工具、磁性套索工具、快速选择工具和魔棒工具。

选区是个封闭的区域，选区一旦建立，Photoshop 中大部分操作就只针对当前图层选区范围内有效。如果要对整个当前图层操作，须取消选区。可用组合键 Ctrl+D 取消选区。

2.1.2 创建规则选区

规则选区有 4 种选取的方法，分别是运用矩形选框工具、椭圆选框工具、单行选框工具、单列选框工具，如图 2-1 所示。

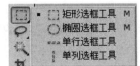

图 2-1 规则选区选框工具

1. 矩形选框工具

"矩形选框工具" 是系统默认的规则选区选框工具，在操作过程中可以根据不同需要来选取不同的方式。"矩形选框工具"快捷键为 M 或 Shift+M，利用矩形选框工具，可以创建一个矩形的选区。矩形选框工具的属性栏如图 2-2 所示。

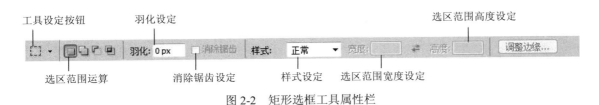

图 2-2　矩形选框工具属性栏

（1）选区范围运算。

1）新选区："新选区"按钮 ，不管图像上原来有没有选区，单击该按钮都会把原有的选区去掉，生产新的选区。

2）添加选区："添加选区"按钮 ，在原有的选区的基础上添加新的选区，即两个选区的并集。按住 Shift 键也可以达到添加选区的效果。

3）从选区减去："从选区减去"按钮 ，在原有的选区的基础上减去新的选区，即两个选区的差集。按住 Alt 键也可以达到减去选区的效果。

4）与选区交叉："与选区交叉"按钮 ，在原有的选区与新增加的选区重叠的部分，按住 Alt+Shift 组合键进行选取也可以达到同样的效果。

（2）羽化设定。

羽化即通过建立选区和选区周围像素之间的转换边界来模糊边缘。该模糊边缘将丢失选区边缘的一些细节。使用选项栏上的羽化，须在创建选区前，先在选项栏上设置该值，否则不起作用。

如创建好选区后，再设置羽化，可执行"选择"→"修改"→"羽化"菜单命令，组合键为 Shift+F6，系统弹出如图 2-3 所示的对话框，在文本框中输入相应值，可设置选区范围的羽化，使选区边缘产生虚化效果，其取值范围为 0～250 像素。

图 2-3　"羽化选区"对话框

（3）消除锯齿设定。

选中"消除锯齿"复选框可以通过软化边缘像素与背景像素之间的颜色转换，使选区范围中的图像边缘比较平滑。因只更改边缘像素，因此无细节丢失。消除锯齿在剪切、复制和粘贴选区以创建复合图像时非常有用。"消除锯齿"可用于套索工具、多边形套索工具、磁性套索工具、椭圆选框工具和魔棒工具。使用这些工具之前必须指定该选项。建立了选区后，就不能添加"消除锯齿"。

（4）样式设定。

1）正常：选用此方式可以任意拖拉鼠标来确定选区的形状和大小。

2）固定比例：可以设定选区范围的高和宽的比例，默认的比例是 1:1。

3）固定大小：可以通过输入选区范围的宽和高的数值来精确设定大小。

2. 椭圆选框工具

利用椭圆选框工具 ，可以创建一个椭圆的选区。椭圆选框工具属性栏如图 2-4 所示。与矩形选框工具相同的选项不再介绍。

图 2-4　椭圆选框工具属性栏

使用矩形工具、圆角矩形工具或椭圆选框工具，按下鼠标左键后，再按住 Shift 键时拖移可将选框限制在方形或圆形，完成操作时要先松开鼠标再松开 Shift 键；要以鼠标单击的点为选框的中心，则在开始拖移鼠标后再按住 Alt 键，完成操作时也是要先松开鼠标按钮再松开 Alt 键。

3. 单行选框工具/单列选框工具

"单行选框工具" 和"单列选框工具" 的作用是选取图像中一个像素高的横条或一个像素宽的竖条，使用时只需要在创建的地方单击即可，这两个工具无快捷键。

4. 创建规则选区实例操作

【操作实例】分别利用矩形选框工具、椭圆选框工具、单行选框工具和单列选框工具创建图像选区。

步骤一：打开目录"素材/第 2 章"下的图片"1.jpg"。

步骤二：在如图 2-1 的选取选框工具栏中，单击右键或按住鼠标左键，选择选框工具。

步骤三：在所要操作的图像上选取范围，如图 2-5 所示。

图 2-5　使用不同的选框工具来选取范围

2.1.3　创建不规则选区

不规则选区有 5 种选取的方法，即套索工具、多边形套索工具、磁性工具、快速选择工具、魔棒工具。

1. 使用套索工具创建不规则选区

使用套索工具可以自由绘制出形状不规则的选区。

【操作实例】使用套索工具创建不规则选区。

步骤一：打开目录"素材/第 2 章"下的图片"2.jpg"。

步骤二：在工具栏中先选取"套索工具"，如图 2-6 所示。

图 2-6 选取不规则选区工具

步骤三：按住鼠标左键，在所要操作的图像范围上拖动，创建不规则选区，如图 2-7 所示。

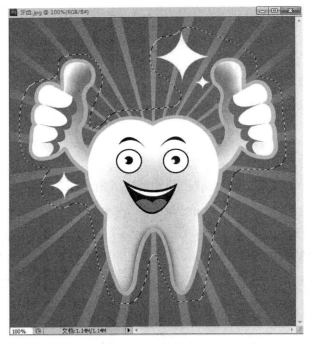

图 2-7 使用套索工具创建不规则选区

2. 使用多边形套索工具创建不规则选区

使用多边形套索工具可以绘制直线型的多边形选区。在绘制的过程中，要涂抹刚绘制的直线段，可以按 Delete 键。如果需要选择的图像轮廓是由直线和曲线组合而成，在选择的过程中，可以按 Alt 键实现套索工具和多边形套索工具之间的切换。

【操作实例】使用多边形套索工具创建不规则选区。

步骤一：打开目录"素材/第 2 章"下的图片"3.jpg"。

步骤二：在如图 2-6 所示的工具栏中先选取"多边形套索工具"。

步骤三：在所要操作的图像的范围角落上单击，形成封闭选区。

步骤四：使用磁性套索工具创建不规则选区，如图 2-8 所示。

图 2-8　使用多边形工具创建不规则选区

3. 使用磁性套索工具创建不规则选区

磁性套索工具能够以颜色的差异来自动识别对象的边界，特别适用于快速选择与背景对比强烈且边缘复杂的对象。

【操作实例】使用磁性套索工具创建不规则选区。

步骤一：打开目录"素材/第 2 章"下的图片"4.jpg"。

步骤二：在如图 2-6 所示的工具栏中先选取"磁性套索工具"。

步骤三：在所要操作的图像边缘上单击，然后在图像边缘移动，移到闭合选区即可，如出现误差，可以按 Ctrl+Delete 组合键后退一步，如图 2-9 所示。

图 2-9　使用磁性套索工具创建不规则选区

4. 使用快速选择工具创建不规则选区

快速选择工具类似于笔刷，并且能够调整圆形笔尖大小绘制选区。在图像中单击并拖动鼠标即可绘制选区，这是一种基于色彩差别但却是用画笔智能查找主体边缘的新颖方法。

【操作实例】使用快速选择工具创建不规则选区。

步骤一：打开目录"素材/第 2 章"下的图片"5.jpg"。

步骤二：在工具栏中先选取"快速选择工具"，如图 2-10 所示。

步骤三：设置画笔的大小，如图 2-11 所示。

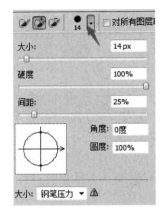

图 2-10　选取"快速选择工具"　　　　　图 2-11　调整画笔大小

步骤四：在所要操作的图像上按住鼠标左键，拖动鼠标进行选取，如图 2-12 所示。

图 2-12　使用快速选择工具创建不规则选区

5. 使用魔棒工具创建不规则选区

魔棒工具是 Photoshop 中提供的一种比较快捷的抠图工具，对于一些分界线比较明显的图像，通过魔棒工具可以很快速地将图像抠出，魔棒的作用是可以识别鼠标单击的位置的颜色，并自动获取附近区域相同的颜色，使它们处于选择状态。

【操作实例】使用魔棒工具创建不规则选区。

步骤一：打开目录"素材/第 2 章"下的图片"6.jpg"。在如图 2-10 的工具栏中先选取"魔棒工具"。

步骤二：输入容差值，容差小的话，选择的色彩范围就比较小，容差大的话，选择的色彩范围就比较大，如图 2-13 所示。

图 2-13　输入容差的值

步骤三：单击进行选取，按住 Shift 键的同时单击可以添加选区，按住 Alt 键的同时单击可以减去新选区，如图 2-14 所示。

图 2-14　鸽子选区的选取

2.1.4　运用命令创建随意选区

在 Photoshop 中，复杂不规则选区指的是随意性很强，不局限在几何形状内的选区，它可以是任意创建的，也可以是通过计算机得到的单个或多个选区。

"色彩范围"命令是一个利用图像中的颜色变化关系来制作选择区域的命令，此命令是根据选取色彩的相似程度，在图像中提取相似的色彩区域而生成的选区。

【操作实例】使用"色彩范围"命令创建随意选区。

步骤一：打开目录"素材/第 2 章"下的图片"7.jpg"。

步骤二：在菜单栏选择"选择"→"色彩范围"（如图 2-15 所示），单击图像获取色彩范围，然后单击"确定"按钮获得选区，如图 2-16 和图 2-17 所示。

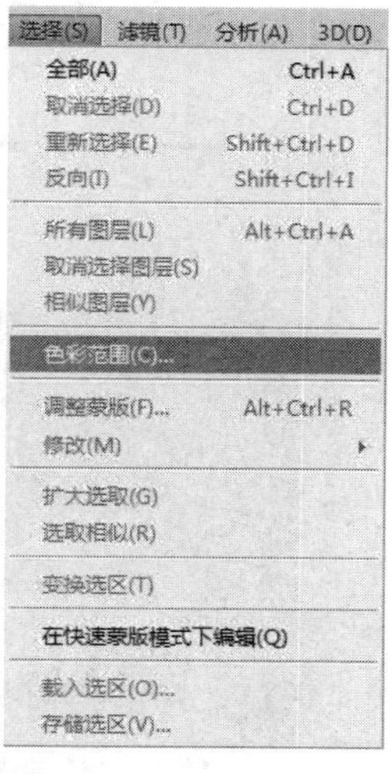

步骤三：单击"前景色"按钮更换颜色，如图 2-18 和图 2-19 所示。

图 2-15　"选择"菜单

步骤四：可以按组合键 Ctrl+D 取消选区，最终效果如图 2-20 所示。

图 2-16　获取色彩选区

图 2-17　获取色彩选区效果

图 2-18　"前景色"按钮

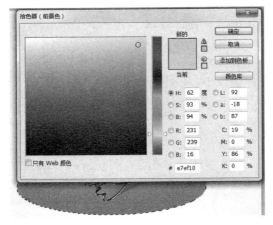

图 2-19　更换前景色

图 2-20　最终效果

2.1.5 使用快速蒙版模式创建选区

"快速蒙版"是一个编辑选区的临时环境，可以辅助用户创建选区。快捷键是 Q。"快速蒙版"工具操作的时候不会影响 Photoshop 图像，只会生成相应的选区。按字母键 Q 添加快速蒙版后，前、背景颜色会恢复到黑白状态，同时在"通道"面板生成一个快速通道。用画笔或橡皮工具等涂抹、擦除的时候。会留下一些红色透明的区域，这些区域就是我们需要的选区部分。再按 Q 键的时候，会把涂抹的部位变成反选的选区。

Photoshop 快速蒙版应用较为广泛，尤其在制作一些颓废效果或滤镜纹理的时候非常实用。因为可以对快速蒙版涂抹的区域执行滤镜操作，生成更为复杂的选区。

【操作实例】使用快速蒙版模式创建选区。

步骤一：打开目录"素材/第 2 章"下的图片"8.jpg"。

步骤二：单击快速蒙版模式编辑，如图 2-21 所示。

步骤三：选择"自定形状工具"，如图 2-22 所示。

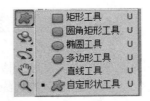

图 2-21 选中快速蒙版模式编辑　　　　图 2-22 选择"自定形状工具"

步骤四：选择"自定形状工具"的图案，如图 2-23 所示。

图 2-23 选择"自定形状工具"的图案

步骤五：在所要操作的图像上进行绘画，如图 2-24 所示。

图 2-24 绘画的图案

步骤六：退出快速蒙版模式编辑，按组合键 Shift+Ctrl+I 反选选区，如图 2-25 所示。

图 2-25　图案选区

2.2　管理编辑选区

管理编辑选区的操作主要包括移动选区、变换选区、修改选区、边界选区、平滑选区、扩展/收缩选区、羽化选区、调整边缘、选区的运算、选区的保存和载入等。

2.2.1　移动选区

"移动选区"是图像处理中常用的操作方法，适当地对选区的位置进行调整，可以使图像更加符合设置的需求。

【操作实例】利用移动选区调整选区的位置。

步骤一：打开目录"素材/第 2 章"下的图片"9.jpg"。

步骤二：在所需操作的图像上创建选区。

步骤三：注意选区范围运算必须是"添加新选区"，如图 2-26 所示。

步骤四：将鼠标光标移入选区范围内，拖动鼠标即可移动选区，如图 2-27 所示。

图 2-26　添加新选区　　　　　　　　　　图 2-27　移动选区

2.2.2　变换选区

"变换选区"命令是管理选区的常用操作之一，利用该命令可以直接对选区的大小、形状、位置和角度等进行调整，且不可破坏选区内的图像。

【操作实例】利用变换选区对选区进行调整。

步骤一：打开目录"素材/第 2 章"下的图片"10.jpg"。

步骤二：在所需操作的图像上创建选区，如图 2-28 所示。

图 2-28　创建椭圆选区

步骤三：可以在选项栏中单击"从选区减去"，减去选区，如图 2-29 和图 2-30 所示。

图 2-29　"从选区减去"按钮

图 2-30　从选区减去

步骤四：右击，选中"变换选区"，如图 2-31 所示。

步骤五：再次右击，选中"旋转 90 度（顺时针）"，如图 2-32 所示。如想反向选区，可以在菜单栏单击"选择"→"反向",或者使用组合键 Shift+Ctrl+I 也可以反向选区。

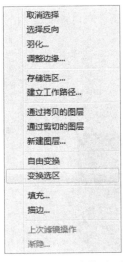

图 2-31　选择"变换选区"　　　　　　　　　图 2-32　变换选区效果

2.2.3　修改选区

在 Photoshop 应用程序中,可以对选区进行许多的操作,修改选区属于其中的一种,可以按特定数量的像素扩展或收缩选区,也可以用新选区框住现有的选区,也可以平滑选区(也称选框)。

【操作实例】利用"色彩范围"命令修改选区。

步骤一:打开目录"素材/第 2 章"下的图片"11.jpg"。

步骤二:选择"套索工具",在所需操作的图像上创建选区,如图 2-33 所示。

步骤三:在菜单栏单击"选择"→"色彩范围",如图 2-34 所示,弹出"色彩范围"对话框,如图 2-35 所示。

图 2-33　使用套索工具创建选区　　　　　　　图 2-34　选择"色彩范围"

步骤四：使用取样颜色在选区范围内吸取颜色，效果如图 2-36 所示。按组合键 Shift+D 可以取消选择，按组合键 Shift+Ctrl+D 可以重新选择。

图 2-35 取样颜色　　　　　　　　　　　图 2-36 效果图

2.2.4 边界选区

使用"边界"命令可以在已创建的选区边缘再新建一个相同的选区，并使得选区的边缘过渡柔和。

【操作实例】利用"边界"命令实现选区的边缘过渡柔和。

步骤一：打开目录"素材/第 2 章"下的图片"12.jpg"。

步骤二：在所需操作的图像上创建选区，如图 2-37 所示。

图 2-37 创建选区

步骤三：在菜单栏单击"选择"→"修改"→"边界"，如图 2-38 所示。

步骤四：输入宽度像素，如图 2-39 所示，单击"确定"按钮后效果如图 2-40 所示。

图 2-38   选择"边界"   图 2-39   输入宽度像素

图 2-40   边界选区效果

2.2.5   平滑选区

使用"平滑"命令，可以使选区的尖角平滑，并消除锯齿。

【操作实例】利用"平滑"命令平滑选区。

步骤一：打开目录"素材/第 2 章"下的图片"13.jpg"。

步骤二：在工具栏选取"快速选择工具"，在所需操作的图像上创建选区，如图 2-41 所示。

步骤三：在菜单栏单击"选择"→"修改"→"平滑"，如图 2-42 所示。

步骤四：输入取样半径的像素，如图 2-43 所示。最后得到平滑的效果。

图 2-41　使用快速选择工具创建选区

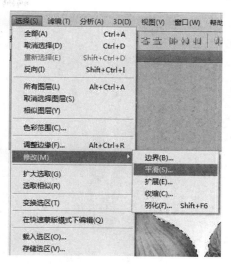

图 2-42　选择平滑选区

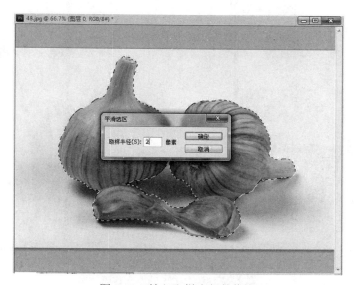

图 2-43　输入取样半径的像素

2.2.6　扩展/收缩选区

在为图像制作叠加或重影等效果时，使用"扩展"或"收缩"命令，可以让整个操作过程更加准确且轻松。

【操作实例】对选区进行扩展和收缩操作。

步骤一：打开目录"素材/第 2 章"下的图片"14.jpg"。

步骤二：在工具栏选择"椭圆选框工具"，在所需操作的图像上创建选区，如图 2-44 所示。

步骤三：在菜单栏单击"选择"→"修改"→"扩展"，如图 2-45 所示。

步骤四：输入扩展量的像素，如图 2-46 所示，单击"确定"按钮后效果如图 2-47 所示。

步骤五：在菜单栏单击"选择"→"修改"→"收缩"，输入 20 像素后，效果如图 2-48 所示。

图 2-44　创建选区

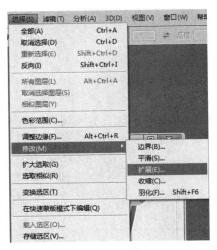

图 2-45　选择扩展选区

图 2-46　输入扩展量的像素

图 2-47　扩展选区的效果

图 2-48　收缩选区

2.2.7　羽化选区

羽化选区能够使选区边缘产生逐渐淡出的效果，让选区边缘平滑、自然；在合成图像时，适当的羽化可以使合成效果更加自然。

【操作实例】对选区进行羽化操作。

步骤一：打开目录"素材/第 2 章"下的图片"15.jpg"。

步骤二：在所需操作的图像上创建选区，如图 2-49 所示。

图 2-49　创建选区

步骤三：在菜单栏单击"选择"→"修改"→"羽化"，如图 2-50 所示。

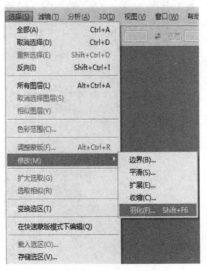

图 2-50　选择"羽化"

步骤四：输入羽化半径的像素为 20 后单击"确定"按钮，然后按组合键 Ctrl+C 复制选区，并新建图层，按组合键 Ctrl+V 粘贴选区，得到最终羽化效果，如图 2-51 所示。

图 2-51   最终羽化效果

2.2.8   调整边缘

"调整边缘"命令，可以对选区的半径、平滑度、对比度、边缘位置等属性进行调整，从而提高选区边缘的品质，并且会在不同背景下查看选区。

【操作实例】对选区进行调整边缘操作。

步骤一：打开目录"素材/第 2 章"下的图片"16.jpg"。

步骤二：在工具栏选取"快速选择工具"，在所需操作的图像上创建选区，如图 2-52 所示。

图 2-52   创建选区

步骤三：在菜单栏中单击"选择"→"调整边缘"，如图 2-53 所示，在弹出的"调整边缘"对话框中输入数值进行调整，如图 2-54 所示。

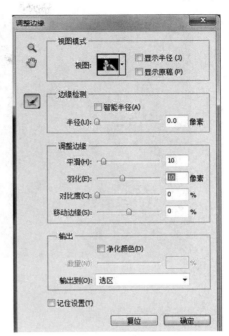

图 2-53　选择"调整边缘"　　　　　　图 2-54　"调整边缘"对话框

2.2.9　选区的运算

选区的运算是通过各种创建选区的工具和 4 种选区模式按钮共同进行的，主要包括"新选区"按钮、"添加到选区"按钮、"从选区减去"按钮和"与选区交叉"按钮。

【操作实例】对选区进行运算操作。

步骤一：打开目录"素材/第 2 章"下的图片"17.jpg"。

步骤二：选择"椭圆选框工具"，在所需操作的图像上创建选区，如图 2-55 所示。

步骤三：选择"从选区减去"，再创建一个椭圆选区，如图 2-56 所示，减去选区后的效果如图 2-57 所示。

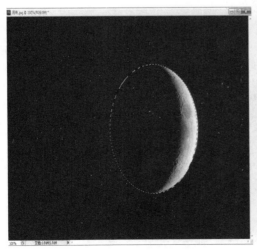

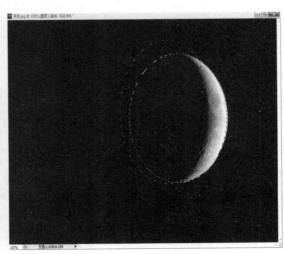

图 2-55　创建选区　　　　　　　　图 2-56　从选区减去

图 2-57　效果图

2.2.10　选区的保存和载入

存储选区，是将一个已经载入选区的对象进行存储。一般单击"选择"→"存储选区"即可保存。选区会保存到"通道"面板中。单击"通道"，会发现"通道"面板里多了一个保存的通道。

载入选区，是在存储选区步骤之前。载入选区有两种方法：一种是单击"选择"→"载入选区"；另一种是按住 Ctrl 键，单击图层，即可将该图层载入选区。

【操作实例】对选区进行保存和载入操作。

步骤一：打开目录"素材/第 2 章"下的图片"18.jpg"。

步骤二：在所需操作的图像上创建选区，单击"选择"→"存储选区"，如图 2-58 和图 2-59 所示，在弹出的"存储选区"对话框中可以为选区命名，如图 2-60 所示。

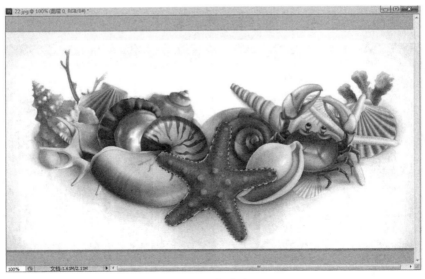

图 2-58　创建选区

图 2-59　存储选区

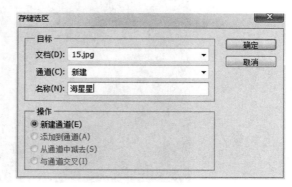

图 2-60　为选区命名

步骤三：选区命名后，可以在右下角的"通道"面板中看到存储的选区，如图 2-61 所示。

步骤四：当按组合键 Shift+D 取消了选区之后，可以单击"选择"→"载入选区"，进行选区的载入，如图 2-62 所示。

图 2-61　查看存储选区

图 2-62　载入选区

2.3　选区的应用

2.3.1　移动选区内图像

移动工具可以对选区进行任意移动或复制。使用"移动工具"在移动图像的同时按住 Alt 键，指针会变成双箭头形状，这时拖拽图像不会显示出背景颜色，而是复制选区内的图像。同时按住 Shift+Alt 组合键，移动的选区图像会沿对象的水平方向或者垂直方向进行复制。

【操作实例】使用移动工具对选区进行移动或复制操作。

步骤一：打开目录"素材/第 2 章"下的图片"19.jpg"。

步骤二：在所需操作的图像上创建选区，如图 2-63 所示。

图 2-63　创建选区

步骤三：在工具栏选择"移动工具"，如图 2-64 所示，按住鼠标左键和 Alt 键移动选区内的图像，取消选区按组合键 Shift+D，移动后的效果如图 2-65 所示。

图 2-64　选择"移动工具"

图 2-65　移动后的效果

2.3.2　清除选区内图像

在 Photoshop 中按 Delete 键可以删除选区内的图像。

【操作实例】对选区进行删除操作。

步骤一：打开目录"素材/第 2 章"下的图片"20.jpg"。

步骤二：在所需操作的图像上创建选区，如图 2-66 所示。按 Delete 键就可以清除选区内的图像，如图 2-67 所示。

图 2-66　创建选区　　　　　　　　图 2-67　清除选区内的图像

步骤三：可以填充为白色背景，如图 2-68 所示。

图 2-68　填充后的效果

2.3.3　描边选区

描边就是做出边缘的线条，通俗讲就是在边缘加上边框，给图形描边。选区描边通常不论图层是不是空白都可以，但必须是普通图层，不能是调整层之类。在选区的周围描边，方便网页切图。

【操作实例】对选区进行描边操作。

步骤一：打开目录"素材/第 2 章"下的图片"21.jpg"。

步骤二：在所需操作的图像上创建选区，如图 2-69 所示。

步骤三：单击"编辑"→"描边"，如图 2-70 所示，在弹出的"描边"对话框中输入宽度的值，选取颜色，如图 2-71 所示，单击"确定"按钮后的效果如图 2-72 所示。

图 2-69 创建选区

图 2-70 选择"描边"

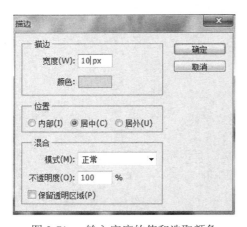

图 2-71 输入宽度的值和选取颜色

图 2-72 效果图

2.3.4 定义图案

在使用 Photoshop 的时候,经常用到的一些图案特效可以设置成定义图案,方便以后使用。

【操作实例】定义图案的设置与使用。

步骤一:打开目录"素材/第 2 章"下的图片"22.jpg"。

步骤二:在右下角将锁定图层拖进"垃圾桶",解开图层,也可以双击后单击"确定"按钮,如图 2-73 所示。

图 2-73　解锁图层

　　步骤三：选择"魔棒工具"在背景层创建选区，再按 Delete 键清除选区的背景，如图 2-74 所示。

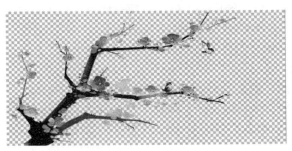

图 2-74　创建选区

　　步骤四：在菜单栏单击"编辑"→"定义图案"，如图 2-75 所示。

　　步骤五：打开目录"素材/第 2 章"下的图片"23.jpg"，并选中图中笔记本电脑的背面，然后在菜单栏单击"编辑"→"填充"命令，在弹出的"填充"对话框中设置内容使用"图案"，如图 2-76 所示；再选择"自定图案"，如图 2-77 所示；单击"确定"按钮后就可以为新的图像填充图案，效果如图 2-78 所示。

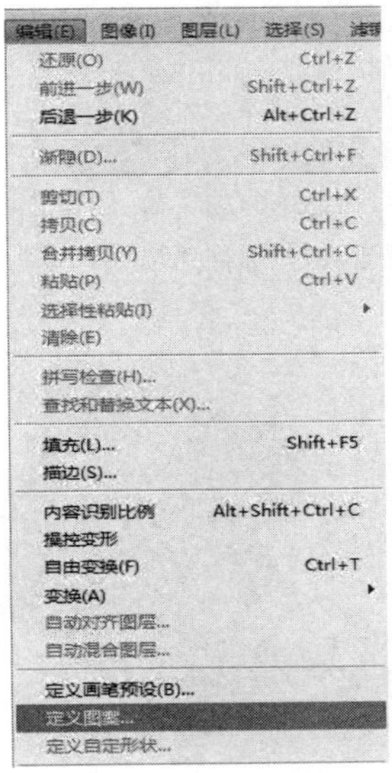

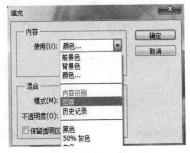

图 2-75　选择定义图案

图 2-76　选择"图案"

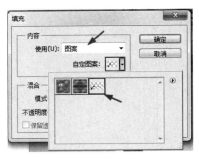

图 2-77　自定图案

图 2-78　效果图

2.3.5　填充选区

在 Photoshop 中，在一个选区内，不但可以填充颜色，还可以使用图案进行填充。

1. 填充颜色

【操作实例】为选区填充颜色。

步骤一：打开目录"素材/第 2 章"下的图片"23.jpg"。

步骤二：选择"椭圆选框工具"，在所需操作的图像上创建选区，如图 2-79 所示。

步骤三：在菜单栏单击"编辑"→"填充"，如图 2-80 所示；在弹出的"填充"对话框中设置内容使用"颜色"，如图 2-81 所示；填充后的效果如图 2-82 所示。

图 2-79　创建选区

图 2-80　选择"填充"

图 2-81　选择"颜色"

图 2-82　效果图

2. 填充前景色/背景色

【操作实例】为选区填充前景色/背景色。

步骤一：打开目录"素材/第 2 章"下的图片"24.jpg"。

步骤二：选择"魔棒工具"，在图片上创建选区，如图 2-83 所示。

步骤三：调整前景色，如图 2-84 所示，使用前景色填充，如图 2-85 所示，填充后的效果如图 2-86 所示。

图 2-83　创建选区

图 2-84　调整前景色

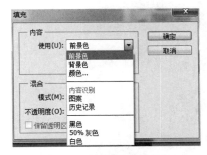

图 2-85　选择"前景色"

图 2-86　效果图

3. 通过内容识别填充选区

【操作实例】使用内容识别填充工具，快速去除水印。

步骤一：打开目录"素材/第 2 章"下的图片"25.jpg"。

步骤二：在工具栏中选择"矩形选框工具"，创建选区，如图 2-87 所示。

图 2-87　创建选区

步骤三：在菜单栏单击"编辑"→"填充"，在弹出的"填充"对话框中设置内容使用"内容识别"，如图 2-88 所示；填充后的效果如图 2-89 所示。

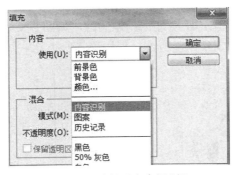

图 2-88   选择"内容识别"

图 2-89   效果图

2.4   综合实例

实例 1：将水果、原料放到盘子和桌子上

步骤一：打开目录"素材/第 2 章"下的图片"26.jpg"和"27.jpg"，使用多边形套索工具抠出果汁饮料，使用移动工具将其移动到桌子上，按 Ctrl+T 组合键使用自由变换工具改变大小，如图 2-90 和图 2-91 所示。

步骤二：打开目录"素材/第 2 章"下的图片"28.jpg"，选择磁性套索工具抠出香蕉，使用移动工具将其移动到盘子上，如图 2-92 和图 2-93 所示。

步骤三：打开目录"素材/第 2 章"下的图片"29.jpg"，选择快速选择工具，抠出樱桃后使用移动工具将其放到盘子上，如图 2-94 和图 2-95 所示。

图 2-90　使用多边形套索工具创建选区

图 2-91　将果汁放到桌子上

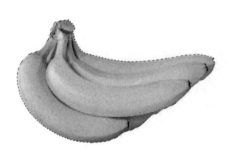

图 2-92　使用磁性套索工具创建选区

图 2-93　将香蕉放到盘子上

图 2-94　使用快速选择工具创建选区

图 2-95　将樱桃放到盘子上

　　步骤四：打开目录"素材/第 2 章"下的图片"30.jpg"，使用魔棒工具或快速选择工具抠出芒果，也可以选中白色背景区域，再按 Ctrl+Shift+I 组合键用反向选区的方式抠出芒果，再使用移动工具将其放到盘子上，如图 2-96 和图 2-97 所示。

图 2-96　选中白色背景区域

图 2-97　将芒果放到盘子上

实例 2：将人物抠出复制后水平翻转

步骤一：打开目录"素材/第 2 章"下的图片"31.jpg"，如图 2-98 所示。

图 2-98　原图

步骤二：选择"快速魔棒工具"，选取白色背景，再反向选区，得到人物选区，再使用移动工具移动人物，如图 2-99 所示。

图 2-99　移动人物

步骤三：单击菜单"编辑"→"变换"→"水平翻转"。

步骤四：确定后取消选区，移动人物到合适的位置，如图 2-100 所示。

图 2-100　效果图

本章习题

1. 将椭圆形选区强制为圆形，需按（　　）键。

　　A．Shift

　　C．Ctrl

　　B．Alt

　　D．Alt+Ctrl

2. 在对选区进行减操作时，需按（　　）键。

　　A．Shift

　　C．Ctrl

　　B．Alt

　　D．Alt+Ctrl

3. 使用下列（　　）方法可旋转图层或选区。

　　A．单击"图像"→"旋转"

　　C．单击并拖动旋转工具

　　B．单击旋转工具

　　D．Ctrl + 移动工具

4. （多选题）取消选区的方法有（　　）。

　　A．单击"选择"→"取消选择"命令

　　B．单击"编辑"→"取消选择"命令

　　C．使用组合键 Ctrl+D

　　D．使用组合键 Ctrl+A

5. （多选题）下列关于椭圆形选区工具说法正确的有（　　）。

　　A．按 Shift 键，可拖出圆形选区

　　B．按 Alt 键，可从中心拖出椭圆形选区

　　C．按组合键 Shift+Alt，可从中心拖出圆形选区

　　D．按空格键，可重新拖出一个新选区

任务拓展

应用本章学习的知识，将素材的内容抠出，制作个性化衬衫，如图 2-101 所示。（提示：选用抠图工具将目标内容抠出后，可使用右键设置羽化值，再使用移动工具移动至空白衬衫上。）

图 2-101　制作个性化衬衫

第3章 绘图和修图

知识目标：
- 认识绘图工具和修图工具。
- 了解 Photoshop 中绘图与修图工具的相关知识。

能力目标：
- 熟练运用绘图工具和修图工具。
- 掌握基本作图、修图方法。

素质目标：
- 提高学生的审美能力。
- 培养学生浓厚的学习兴趣，引导学生探索性自主学习。
- 培养学生的创新精神及能力。

3.1 画笔工具和铅笔工具

3.1.1 画笔工具

在 Photoshop 中画笔工具是一个基本的工具，需要熟练使用这个工具。

在工具箱中，可以右击，或按住鼠标左键，选择"画笔工具"，如图 3-1 所示，也可以通过快捷键 B 来快速选择。

图 3-1 画笔工具

画笔工具属性栏如图 3-2 所示。

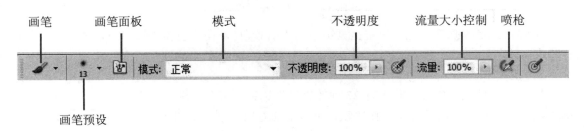

图 3-2 画笔工具属性栏

1. 画笔预设

画笔预设可以调节画笔的大小和硬度。画笔预设属性栏如图 3-3 所示。

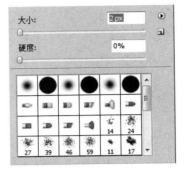

图 3-3   画笔预设

【操作实例】调节画笔的大小、硬度和颜色。

步骤一：选择"画笔工具"，在画笔工具属性栏中单击"画笔预设"。

步骤二：调整画笔的大小。将画笔大小设置为 1px，在图中随意画出图形，效果如图 3-4 所示。如果要将画笔笔刷变大或变小，可以在属性栏调节大小，也可通过键盘上的右中括号键"]"增大画笔，左中括号键"["减小画笔，如图 3-5 所示为将画笔变大到 20px 的效果图。

图 3-4   画笔大小 1px

图 3-5   画笔大小为 20px

步骤三：调整画笔的硬度。将硬度分别调为 100%、50%、0%，将其画出。可见硬度较低的效果比较柔和，图形会比较自然。如果要绘画直线，按住键盘的 Shift 键再绘画即可，如图 3-6 所示。

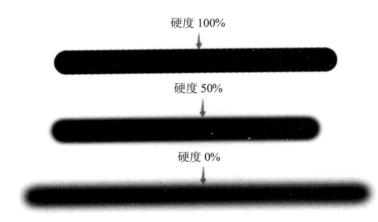

图 3-6   调整笔刷硬度

步骤三：更改画笔颜色。单击工具箱中的"前景色"，在拾色器中选择所需的颜色，如图 3-7 所示。

2. 模式

模式是一种混合模式，其中有 27 种效果可供选择，可自行选择所需的效果。下面将画笔的"正常"模式与"溶解"模式作比较，可清晰地看出差别，如图 3-8 所示。其他效果就请读者自行去学习。

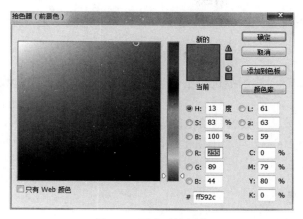

图 3-7　更改画笔颜色

正常效果　　　　　　　　　溶解效果

图 3-8　画笔工具的模式比较

3．不透明度

将不透明度分别调整为 100%、60%、20%，并将其绘制出来，可见不同透明度画出来的效果是不同的，数值越小透明程度越高，如图 3-9 所示。

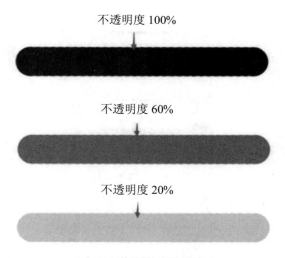

不透明度 100%

不透明度 60%

不透明度 20%

图 3-9　画笔的不透明度

4．流量控制

流量控制控制画笔颜色的轻重，就好比实物画笔中墨水的多少，墨水越多，画出的效果越浓；墨水越少，画出的效果越淡。

分别选择流量 100%、流量 60%、流量 20%，并将其绘制出来，流量数值不同之间的差别如图 3-10 所示。

5. 喷枪

当用画笔按下不动时，绘图痕迹不会向周围扩散，但是打开喷枪设置后按下不动时绘图痕迹就会向周围扩散。

喷枪图标前面的百分比设置就是喷枪的设置，如果其数值为 100%，等于喷枪不起作用。没启动喷枪（数值设为 100%）与启用喷枪绘图的效果对比如图 3-11 所示，可以发现启用喷枪后绘图的痕迹会向周围扩散。

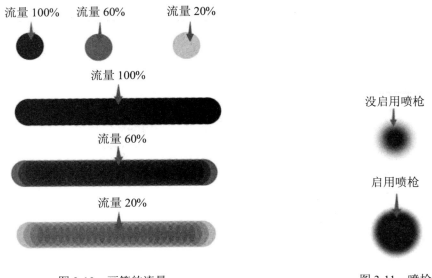

图 3-10　画笔的流量　　　　　　　图 3-11　喷枪

3.1.2　铅笔工具

在工具箱中，可以右击，或按住鼠标左键，选择"铅笔工具"，如图 3-12 所示，也可以通过快捷键 B 来快速选择。

图 3-12　铅笔工具

铅笔工具属性栏如图 3-13 所示。

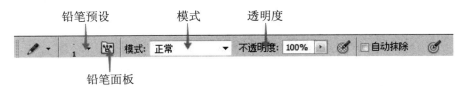

图 3-13　铅笔工具属性栏

1. 铅笔预设

铅笔预设的用法和画笔预设类似。

【操作实例】 调节铅笔的大小和硬度。

步骤一：选择"铅笔工具"，在"铅笔工具属性栏"中单击"铅笔预设"。

步骤二：调整铅笔的大小。将铅笔大小分别设置为 1px 和 30px，在图中随意绘出图形，两种大小的铅笔绘出图形的效果对比如图 3-14 所示。如果要将铅笔笔刷变大或变小，可以在属性栏将铅笔大小调大或调小，也可通过键盘上的右中括号键"]"增大铅笔，左中括号键"["减小铅笔。

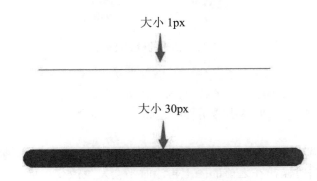

图 3-14　改变铅笔大小的效果对比

步骤三：调整铅笔硬度。将硬度分别调整为 100%、50%、0%，并分别绘出图形，按住 **Shift** 键可以绘画直线。可见三个图像之间并没有区别，如图 3-15 所示，铅笔工具与画笔工具之间一个明显的区别是铅笔工具的硬度是无法调整的。

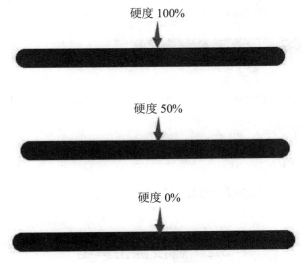

图 3-15　改变铅笔硬度大小

2. 模式

铅笔的模式与画笔的模式一样，有 27 种混合模式可供使用。

下面将铅笔的正常模式、颜色减淡模式和柔光模式作比较，通过图片可以看出不同混合模式之间的差别，如图 3-16 所示。

图 3-16   铅笔的模式比较

3. 不透明度

将不透明度分别调整为 100%、60%、20%，并将其绘制出来，如图 3-17 所示。可以看出不同透明度之间是不同的，数值越小透明程度越高。

4. 自动抹除

自动抹除是指用铅笔工具在之前画的画面上面涂，之前的画面就会被抹除成背景色。

没开启自动抹除的时候，在之前的图上再涂时不会发生改变；而开启了自动抹除后会将背景色涂上去，如图 3-18 所示。

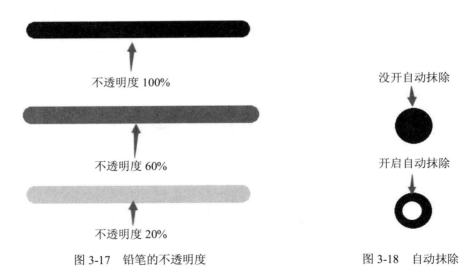

图 3-17   铅笔的不透明度   图 3-18   自动抹除

3.2   橡皮擦工具组

3.2.1   橡皮擦工具

橡皮擦工具的作用是用来擦去不要的某部分。如果是背景图层，那它擦去的部分就会显示为背景色颜色；如果是普通图层，这时擦掉的部分会变成透明区（即马赛克状）。

在工具箱选择"橡皮擦工具",或在键盘上按 E 键就能打开橡皮擦工具,如图 3-19 所示。

图 3-19　橡皮擦工具

橡皮擦工具的属性栏,如图 3-20 所示。

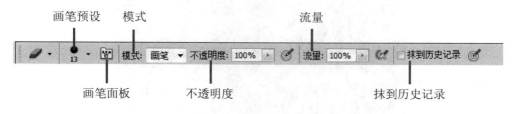

图 3-20　橡皮擦工具属性栏

【操作实例】橡皮擦工具的使用方法。

步骤一:打开目录"素材/第 3 章"下的图片"1.jpg",如图 3-21 所示。

图 3-21　原图示例

步骤二:选择好橡皮擦工具,在图片的任意位置使用橡皮擦工具,如果擦去的是背景图层,那么擦去的部分就会变成背景色的颜色,如图 3-22 所示。

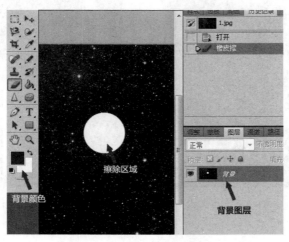

图 3-22　擦去背景图层

步骤三：如果擦去的图层为普通图层，擦去的部分就会变成透明区显示，如图 3-23 所示。

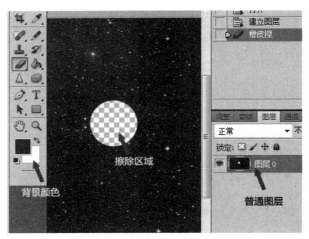

图 3-23　擦去普通图层

1. 画笔预设

打开画笔预设，可以发现与画笔工具、铅笔工具基本一样，使用方法与功能也基本差不多的，可改变擦除区域的大小以及硬度，并且增大或减小的快捷键也相同。

"30px 大小，100%硬度""60px 大小，100%硬度""60px 大小，60%硬度"和"60px 大小，30%硬度"四种大小和硬度画笔绘制图形的效果对比如图 3-24 所示。

2. 模式

模式有"画笔""铅笔"和"块"三种。如果选择"画笔"，它的边缘会显得柔和，也可改变"画笔"的软硬程度；如选择"铅笔"，擦去的边缘就会显得尖锐；如果选择的是"块"，橡皮擦工具就变成一个方块。分别选择"画笔""铅笔"和"块"进行擦除，效果对比如图 3-25 所示。

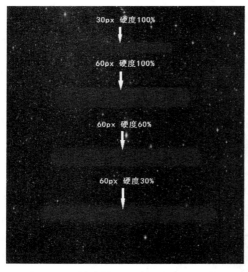

图 3-24　橡皮擦工具的画笔预设比较

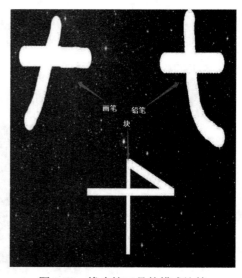

图 3-25　橡皮擦工具的模式比较

3. 不透明度

100%不透明就会完全擦除，20%可以擦成半透明效果，橡皮擦的不透明度分别设为 100%、

50%和 20%擦除的效果对比如图 3-26 所示。

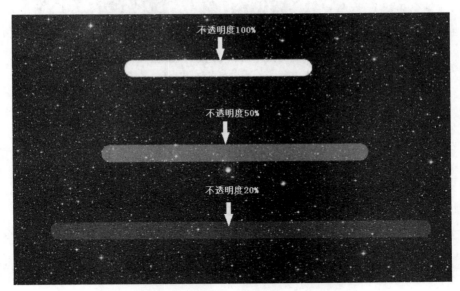

图 3-26 橡皮擦工具的不透明度对比

4. 流量

流量选择大一些就相当于用力擦除,反之流量小就等于轻轻擦除。

橡皮擦工具分别设置 100%、50%和 20%的流量来擦除,效果对比如图 3-27 所示。

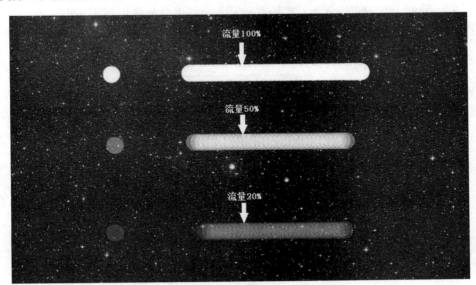

图 3-27 橡皮擦工具的流量对比

5. 抹到历史记录

使用抹到历史记录操作可以直接擦除所有图层的涂改,直接恢复到打开时的背景图层原图像。

将图 3-21 进行抹到历史记录操作,将其中一个完全抹除,一个抹除剩一点,一个没抹除,效果对比如图 3-28 所示。

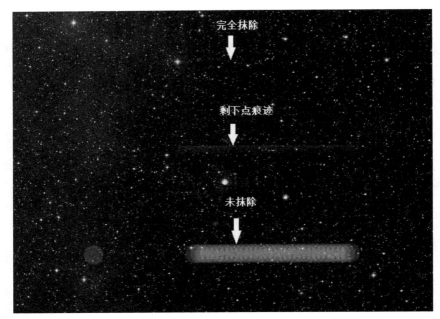

图 3-28　抹到历史记录对比

3.2.2　背景橡皮擦工具

背景橡皮擦是 Photoshop 当中的一个工具，它位于橡皮擦工具组中，只需要单击"橡皮擦工具组"图标不放，就会弹出一个工具菜单，里面会有"背景橡皮擦工具"。

在工具箱中单击"橡皮擦工具组"将其切换到背景橡皮擦工具，或者按住 Shift+E 组合键来切换，如图 3-29 所示。

图 3-29　背景橡皮擦工具

背景橡皮擦工具属性栏如图 3-30 所示。

图 3-30　背景橡皮擦工具属性栏

1．画笔预设

参考前面的画笔预设。

2．取样方式

取样方式有"连续取样""一次取样""背景色板取样"三种。

（1）连续取样：以光标中的十字架为取样的定位点，并随着拖移可以连续取样，如图 3-31 所示。

（2）一次取样：即光标第一次单击所选择的颜色，接下来便会以这个颜色为基准色，后面只会抹除和包含这个颜色的区域，如选取黑色，抹除后的效果如图 3-32 所示。

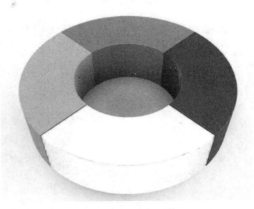

图 3-31　连续取样　　　　　　　　　　　　图 3-32　一次取样

（3）背景色板：只会抹除包含当前背景色的区域，选择灰色的背景颜色，可以看到只有中间的灰色被抹除了，如图 3-33 所示。

3．限制模式

限制模式有"不连续""连续""查找边缘"三种。"不连续"抹除出现在画笔下任何位置的样本颜色；"连续"抹除包含样本颜色且相互连接的区域；"查找边缘"抹除包含样本颜色的连接区域，同时更好地保留形状边缘的锐化程度。其实这三种模式的限制并不明显，建议使用"不连续"选项。

用"查找边缘"抹除，可以看到被抹除的区域的边缘被保存下来，并且很锐利，如图 3-34 所示。

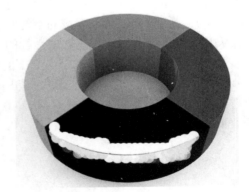

图 3-33　背景色板取样　　　　　　　　　　图 3-34　查找边缘

4．容差

当第一次要抹除所选择的颜色（即取样色），容差为 0，就表示只抹除取样色，周围的其他颜色擦不了；容差 100 时就和一般的橡皮差不多了。容差越大，周围与其相近的颜色就更容易被抹除，反之亦然。

5．保护前景色

保护前景色即把不想抹除的颜色设置为前景色，并把保护前景色选项勾选上。这样和前景色相同的颜色就不会被抹除。

3.2.3 魔术橡皮擦工具

魔术橡皮擦工具的主要作用是当图片主体跟背景的颜色差别较大时，可以用魔术橡皮擦工具擦除背景。

在工具箱中单击"橡皮擦工具组"，将其切换到"魔术橡皮擦工具"，或者使用组合键 Shift+E 来切换，如图 3-35 所示。

图 3-35　魔术橡皮擦工具

魔术橡皮擦工具的属性栏，如图 3-36 所示。

图 3-36　魔术橡皮擦工具属性栏

容差：容差较小时抹除，对颜色的要求会比较高，抹除的区域也会比较小；容差较大时对颜色的要求就比较低，抹除的区域也会比较大。

消除锯齿：消除锯齿可以让抹除的区域的边缘达到一个平滑的效果。

连续：勾选"连续"，抹除掉图片中的白色区域，会抹除掉连续在一起的白色区域，不连续的不会被抹除。反之不勾选"连续"的情况下抹除掉图片中的白色区域，会抹除掉整个图层中相同或相近的颜色区域。

对所有图层取样：在对多图层的图片进行处理时可以使用。

不透明度：主要用在填充区域的不透明度的设置。

【操作实例】魔术橡皮擦工具属性栏的使用方法。

步骤一：打开目录"素材/第 3 章"下的图片"2.jpg"。

步骤二：选择"魔术橡皮擦工具"，单击图片白色背景区域可以发现白色背景区域消失了，变成透明色，并且背景图层变成普通图层。使用魔术橡皮擦工具前和使用魔术橡皮擦工具后的图片效果对比如图 3-37 和图 3-38 所示。

图 3-37　使用魔术橡皮擦工具前

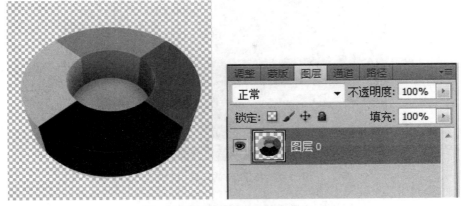

图 3-38 使用魔术橡皮擦工具后

3.3 图章工具

3.3.1 仿制图章工具

仿制图章工具可以通过取样，选取图片的一个部分去填补另外一个部分。也可以说复制一部分，去填补另一个地方。

在工具箱中，右击对"图章工具"图标，或按住鼠标左键，在弹出的菜单栏中选择"仿制图章工具"，也可以通过快捷键 S 来快速选择，如图 3-39 所示。

图 3-39 仿制图章工具

仿制图章工具的属性栏，如图 3-40 所示。

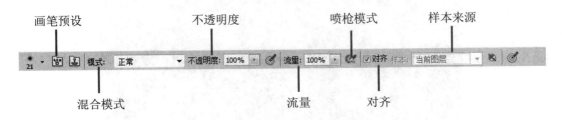

图 3-40 仿制图章工具属性栏

【操作实例】仿制图章工具的使用方法。

步骤一：打开目录"素材/第 3 章"下的图片"3.jpg"。

步骤二：按住 Alt 键，在想要仿制的图像上单击（取样），此时已经开始复制该图像，然后在其他位置按住鼠标左键不放，参考源处的图像不断抹涂，依葫芦画瓢就仿制了一个图像。原图和效果图如图 3-41 和图 3-42 所示。

图 3-41　仿制图章工具绘制原图

图 3-42　仿制图章工具绘制效果图

　　注意：选择"仿制图章工具"后，如果不按住 Alt 键单击图片取样时会出现如图 3-43 所示的提示。

图 3-43　无法使用仿制图章工具

3.3.2　图案图章工具

　　使用图案图章工具可以利用图案进行绘画，可以从图案库中选择图案或者自定义图案。

　　在工具箱中，右击"图章工具"图标，或按住鼠标左键，在弹出的菜单栏中选择"图案图章工具"，也可以通过快捷键 S 来快速选择，如图 3-44 所示。

图 3-44　图案图章工具

图案图章工具的属性栏，如图 3-45 所示。

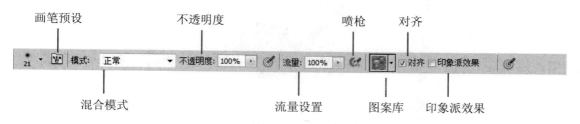

图 3-45　图案图章工具属性栏

【操作实例】图案图章工具的使用方法。

（1）利用"图案库"中的图案绘画。

步骤一：打开目录"素材/第 3 章"下的图片"4.jpg"，如图 3-46 所示。

图 3-46　原图示例

步骤二：选择"图案图章工具"，在属性栏中的"图案库"选择其中的一个图案，如图 3-47 所示。

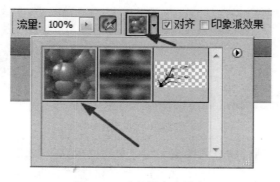

图 3-47　选择图案库图案

步骤三：在图片上进行绘制，图片效果如图 3-48 所示。

图 3-48　绘制图案

（2）利用"自定义图案"绘画。

步骤一：打开目录"素材/第 3 章"下的图片"5.jpg"，并使用魔术橡皮擦工具将白色背景去掉。

步骤二：在菜单栏中选择"编辑"→"定义图案"，如图 3-49 所示。

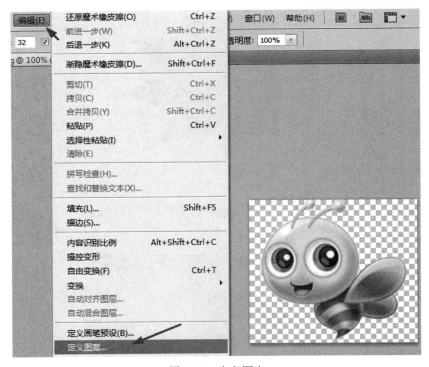

图 3-49　定义图案

步骤三：在弹出的对话框中输入图案名称，单击"确定"按钮，如图 3-50 所示。

步骤四：选择工具箱上的"图案图章工具"，在属性栏上的图案库中选择刚才保存的自定义图案，如图 3-51 所示。

图 3-50　定义自定义图案名称

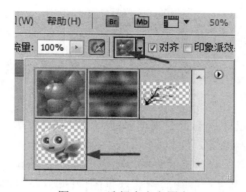

图 3-51　选择自定义图案

步骤五：用自定义图案涂抹画面，即可将该自定义图案添加到该画布中，如图 3-52 所示。

图 3-52　自定义图案绘画

3.4　修饰工具

3.4.1　修复画笔工具

利用修复画笔工具可以快速移去照片中的污点和其他不理想部分。

在工具箱中单击"修饰工具"将其切换到修复画笔工具，或者使用组合键 Shift+J 来切换，如图 3-53 所示。

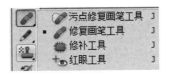

图 3-53　修复画笔工具

修复画笔工具属性栏如图 3-54 所示。

图 3-54　修复画笔工具属性栏

取样：此选项可以用取样点的像素来覆盖单击点的像素，从而达到修复的效果。选择此选项，必须按 Alt 键进行取样。

图案：指用修复画笔工具移动过的区域以所选图案进行填充，并且图案会和背景色融合。

对齐：勾选"对齐"，再进行取样，然后修复图像，取样点位置会随着光标的移动而发生相应的变化；若把"对齐"勾选去掉，再进行修复，取样点的位置是保持不变的。

【操作实例】修复画笔工具的使用方法（将图片上的痘给抹除掉）。

步骤一：打开目录"素材/第 3 章"下的图片"7.jpg"。

步骤二：选择"修复画笔工具"，按住 Alt 键选择与要抹除位置的颜色相近的区域进行取样（定义源），取样成功后在要抹涂的区域进行涂抹，原始图和效果图如图 3-55 和图 3-56 所示。

图 3-55　修复画笔工具修复前

图 3-56　修复画笔工具修复后

注意：修复画笔工具和仿制图章工具一样，如果没有按住 Alt 键进行取样，就会出现如图 3-57 所示的提示。

图 3-57　修复画笔工具未定义源

3.4.2　污点修复画笔工具

使用污点修复画笔工具可以快速移去照片中的污点和其他不理想部分，与修复画笔工具的区别是污点修复画笔工具不需要定义原点，只要确定好修复的图像的位置，就会在确定的修复位置边缘自动找寻相似的像素进行自动匹配。

在工具箱中单击"修饰工具"将其切换到"污点修复画笔工具"，或者使用组合键 Shift+J 来切换，如图 3-58 所示。

图 3-58　污点修复画笔工具

污点修复画笔工具属性栏如图 3-59 所示。

图 3-59　污点修复画笔属性栏

近似匹配：指以单击点的周围的像素为准，覆盖在单击点上从而达到修复污点的效果。

创建纹理：指在单击点创建一些相近的纹理来模拟图像信息。

对所有图层取样：勾上此选项，然后新建图层，再进行修复，会把修复的部分建在新的图层上，这样对原图像就不会产生任何影响。

【操作实例】污点修复画笔工具的使用方法（把人物脸上的污点除掉）。

步骤一：打开目录"素材/第 3 章"下的图片"8.jpg"。

步骤二：选中污点修复画笔工具，如图 3-60 所示。

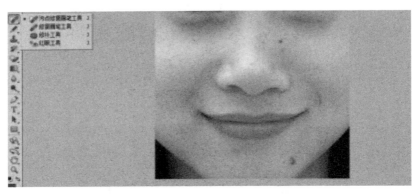

图 3-60　污点修复画笔工具未处理图

步骤三：选择近似匹配，在需要处理的地方单击，污点就会消失了，如果觉得还有痕迹，可以多次单击进行处理，处理后的图片如图 3-61 和图 3-62 所示。

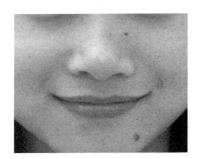

图 3-61　处理前的效果

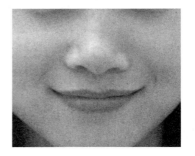

图 3-62　处理后的效果

3.4.3　修补工具

修补工具主要用于修改有明显裂痕或污点的图像。

在工具箱中单击"修饰工具"将其切换到"修补工具"，或者使用组合键 Shift+J 来切换，如图 3-63 所示。

图 3-63　修补工具

修补工具属性栏如图 3-64 所示。

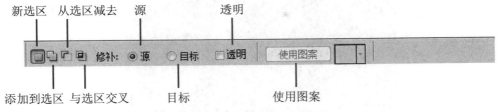

图 3-64 修补工具属性栏

新选区：即创建一个选区，同时只能存在一个。

添加到选区：即创建一个新选区，并且选区能多个存在。

从选区减去：即创建一个新选区，并且将这个选区或者与这个选区重复的区域减去。

与选区交叉：即创建一个新选区，并且只保存将被选上的选区之间的交叉部分。

源：指选区内的图像为被修改区域。选择为"源"时拉取污点选区到完好区域可以实现修补。

目标：指选区内的图像为修改区域。选择为"目标"的时候，选取足够盖住污点区域的选区拖动到污点区域，盖住污点实现修补。

透明：勾选"透明"，再移动选区，选区中的图像会和下方图像产生透明叠加。

使用图案：在未建立选区时，"使用图案"不可用。画好一个选区之后，"使用图案"被激活，首先选择一种图案，然后再单击"使用图案"按钮，可以把图案填充到选区当中，并且会与背景产生一种融合的效果。

【操作实例】修补工具的使用方法。

步骤一：打开目录"素材/第 3 章"下的图片"9.jpg"。

步骤二：选择"修补工具"，如图 3-65 所示。

图 3-65 原图

步骤三：选择新选区和源，在图中选择一片云，单击将白云变成修改区域，如图 3-66 所示。

图 3-66   选中修改区域

步骤四：选好选区后，拖动移动选区，将选区移动到蓝天的位置，如图 3-67 所示，最后白云便被修改为蓝天了，效果如图 3-68 所示。

图 3-67   将选区移动到蓝天

图 3-68   修补工具最终效果图

3.4.4　红眼工具

用红眼工具去除照片中的红眼。

在工具箱中单击"红眼工具"将其切换到"修补工具"，或者使用组合键 Shift+J 来切换，如图 3-69 所示。

红眼工具属性栏，如图 3-70 所示。

图 3-69　红眼工具

图 3-70　红眼工具属性栏

【操作实例】红眼工具的使用方法。

步骤一：打开目录"素材/第 3 章"下的图片"10.jpg"，如图 3-71 所示。

步骤二：选择红眼工具，如图 3-72 所示。

图 3-71　红眼工具实例原图

图 3-72　选择"红眼工具"

步骤三：在眼睛发红的部分单击，即可修复红眼，效果如图 3-73 所示。

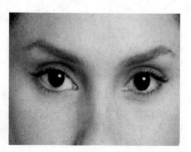

图 3-73　红眼工具效果图

3.5　编辑工具

3.5.1　模糊工具

使用模糊工具可以将抹涂区域变得模糊。有时候为了突出主题，会将图像的其余部分变模糊。

在工具栏中单击"编辑工具",将其切换到"模糊工具",如图 3-74 所示。

图 3-74 模糊工具

模糊工具属性栏如图 3-75 所示。

图 3-75 模糊工具属性栏

【操作步骤】模糊工具的使用方法(用模糊工具将图片的背景模糊掉)。

步骤一:打开目录"素材/第 3 章"下的图片"11.jpg",如图 3-76 所示。

图 3-76 模糊工具实例原图

步骤二:选择"模糊工具",如图 3-77 所示。

图 3-77 选择"模糊工具"

步骤三:按住鼠标左键不放,在背景草丛上移动鼠标,使背景变模糊,效果如图 3-78 所示。

图 3-78 模糊工具效果图

3.5.2 锐化工具

锐化工具用于提高像素的对比度使图片看上去清晰，一般用在事物的边缘，但不可以过度锐化。

在工具箱中单击"编辑工具"将其切换到"锐化工具"，如图 3-79 所示。

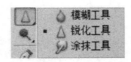

图 3-79 锐化工具

锐化工具属性栏如图 3-80 所示。

图 3-80 锐化工具属性栏

【操作实例】锐化工具的使用（将图片中的花调得更加鲜艳些）。

步骤一：打开目录"素材/第 3 章"下的图片"12.jpg"。

步骤二：选择"锐化工具"，如图 3-81 所示。

图 3-81 锐化工具原图

步骤三：用"锐化工具"使图片中的花更鲜艳，按住鼠标左键不放，在花上移动鼠标，如图 3-82 所示。

图 3-82　锐化工具效果图

3.5.3　涂抹工具

涂抹工具类似于用手指在一副未干的油画上划拉一样，会出现把油画的色彩混合扩展的效果。它可以用在颜色的过渡，均匀笔触，使画面干净整洁，提高精度，可以快速高效地画出毛发的质感等。

在工具栏中单击"编辑工具"，将其切换到"涂抹工具"，如图 3-83 所示。

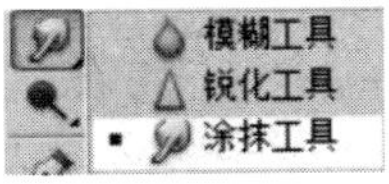

图 3-83　涂抹工具

涂抹工具属性栏如图 3-84 所示。

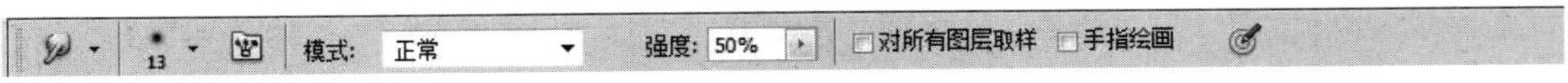

图 3-84　涂抹工具属性栏

【操作实例】涂抹工具的使用（将图片里面的猫耳朵拉长些）。

步骤一：打开目录"素材/第 3 章"下的图片"13.jpg"。

步骤二：选择"涂抹工具"，如图 3-85 所示。

步骤三：按住鼠标左键，将猫耳朵向上拉动，或者将毛发弄均匀，拉长尾巴等，如图 3-86 所示。

图 3-85　抹涂工具实例原图　　　　　　图 3-86　抹涂工具效果图

3.5.4　减淡、加深与海绵工具

1．减淡工具

减淡工具是一款提亮工具，这款工具可以把图片中需要变亮或增强质感的部分颜色加亮，是给照片抛光打亮用的。

在工具箱中，右击或按住鼠标左键选择"减淡工具"，也可以通过快捷键 O 来快速选择，如图 3-87 所示。

图 3-87　减淡工具

减淡工具属性栏如图 3-88 所示。

图 3-88　减淡工具属性栏

范围：选择着重减淡的范围。其中包括阴影、中间调（默认）、高光范围。假如选中"高光范围"，那么就是对高光进行一个颜色减淡的调整。而对阴影部位的调整是没有效果的。

曝光度：减淡的强度，也可以理解成画笔工具上面的流量。

启用喷枪模式：经过设置可以启用喷枪功能，可将绘制模式转换为喷枪绘制模式，在此绘制的颜色可向边缘扩散。

【操作实例】了解减淡工具的使用（将图中的光线的亮度调高）。

步骤一：打开目录"素材/第 3 章"下的图片"14.jpg"，如图 3-89 所示。

图 3-89　减淡工具原图

步骤二：选择"减淡工具"。

步骤三：用"减淡工具"将图中的光线的亮度调高，效果如图 3-90 所示。

图 3-90　减淡工具效果图

2．加深工具

加深工具与减淡工具刚好相反，通过降低图像的曝光度来降低图像的亮度。这款工具主要用来增加图片的暗度，加深图片的颜色，比如可以用来修复过度曝光的图片。

在工具栏中，右击，或按住鼠标左键，选择"加深工具"，也可以通过快捷键 O 来快速选择，如图 3-91 所示。

图 3-91　加深工具

加深工具属性栏如图 3-92 所示。

图 3-92　加深工具属性栏

加深工具的使用方法与减淡工具相同，工具选项栏内的设置及功能键的使用也相同。

【操作实例】加深工具的使用。

步骤一：打开目录"素材/第 3 章"下的图片"15.jpg"。

步骤二：选择"加深工具"，如图 3-93 所示。

步骤三：用加深工具在图中比较曝光的部分进行涂抹，如图 3-94 所示。

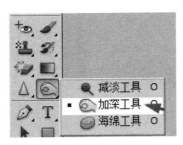

图 3-93　选择"加深工具"

图 3-94　加深工具效果图

3. 海绵工具

海绵工具主要用来增加或减少图片的饱和度，在较色的时候经常用到。这款工具只会改变颜色，不会对图像造成任何损害。

在工具箱中，右击，或按住鼠标左键，选择"海绵工具"，也可以通过快捷键 O 来快速选择，如图 3-95 所示。

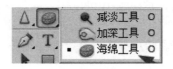

图 3-95 海绵工具

海绵工具属性栏，如图 3-96 所示。

图 3-96 海绵工具属性栏

模式：降低饱和度和饱和，降低和加深图像色彩饱和度。

流量：相当于颜料的流出速度。

自然饱和度：图像整体的明亮程度。

【操作实例】海绵工具的使用（将图中花的颜色调鲜艳些）。

步骤一：打开目录"素材/第 3 章"下的图片"16.jpg"。

步骤二：选择"海绵工具"，如图 3-97 所示。

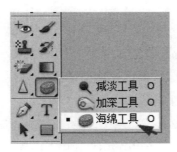

图 3-97 海绵工具

步骤三：将属性栏的模式调为"饱和"，其他可以使用默认值，在要调节的地方涂抹，最后效果如图 3-98 所示。

图 3-98 海绵工具效果图

3.6　色彩填充工具

3.6.1　油漆桶工具

油漆桶工具是一款填色工具，这款工具可以快速对选区、画布、色块等填充前景色或图案。

在工具栏中，右击，或按住鼠标左键，选择"油漆桶工具"，也可以通过快捷键 G 来快速选择，如图 3-99 所示。

图 3-99　油漆桶工具

油漆桶工具属性栏如图 3-100 所示。

图 3-100　油漆桶工具属性栏

【操作实例】油漆桶工具的使用。

步骤一：打开目录"素材/第 3 章"下的图片"17.jpg"。

步骤二：选择"油漆桶工具"，如图 3-101 所示。

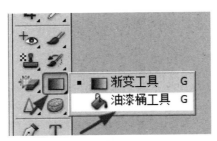

图 3-101　选择"油漆桶工具"

步骤三：用快速选择工具或魔棒工具选择要填充的区域，如图 3-102 所示。

图 3-102　选择填充区域

步骤四：在"前景色"里选择要填充的颜色，最后用油漆桶工具单击填充区域，便可完成填充，效果如图 3-103 所示。

图 3-103　油漆桶工具填充效果图

步骤五：在用油漆桶工具填充时，也可以在属性栏上选择图案，来对填充区域填充图案，如图 3-104 所示。最终填充图案的效果图如图 3-105 所示。

图 3-104　选择图案

图 3-105　用油漆桶工具填充图案效果图

3.6.2　渐变工具

用渐变工具填充颜色时，可以完成从一种颜色到另一种颜色的变化，或由浅到深、由深到浅。渐变工具可以创建多种颜色间的逐渐混合。读者可以从预设渐变填充中选取或创建自己的渐变。

在工具栏中，右击，或按住鼠标左键，选择"渐变工具"，也可以通过快捷键 G 来快速选择，如图 3-106 所示。

图 3-106　渐变工具

渐变工具属性栏如图 3-107 所示。

渐变编辑器

渐变属性栏

图 3-107　渐变工具属性栏

【操作实例】渐变工具的使用方法。

步骤一：新建一个 500×500 的画布，如图 3-108 所示。

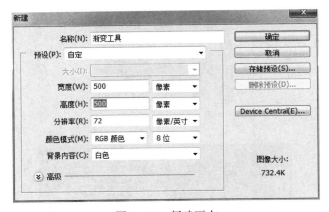

图 3-108　新建画布

步骤二：选择工具箱里"渐变工具"，因当前的前景色为红色，背景色为蓝色，故渐变时使用的就是红蓝渐变。渐变工具的颜色和渐变效果通过属性栏内的"渐变编辑器"进行变换，如图 3-109 所示。

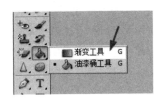

图 3-109　选择"渐变工具"

步骤三：选择"线性渐变"，渐变色使用红蓝渐变，按住鼠标左键在画布上画出一条直线后松开，如图 3-110 所示，出现了一幅以红蓝为渐变色的效果图。（使用渐变工具时可以按 Shift 键使画出的线条更加平直，只要在画的时候按住 Shift 键不放即可）

图 3-110　红蓝渐变

步骤四：如果不想要前面的红蓝渐变效果，可以单击属性栏上的"渐变编辑器"，就可对颜色进行任意调整，如图 3-111 所示。

步骤五：更改渐变属性，在渐变属性栏上共有 5 种自定义的渐变填充类型："线性渐变""径向渐变""角度渐变""对称渐变"和"菱形渐变"，如图 3-112 至图 3-116 所示为这 5 种渐变类型的效果图。

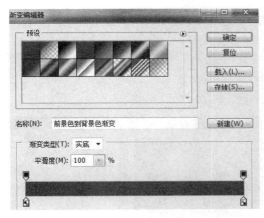

图 3-111　渐变编辑器

图 3-112　线性渐变

图 3-113　径向渐变

图 3-114　角度渐变

图 3-115 对称渐变   图 3-116 菱形渐变

3.7 综合实例

应用画笔工具，画出艺术花草。

步骤一：新建一个宽度为 900 像素、高度为 500 像素的自定义纸张。选择"画笔工具"，右键设置找到"复位画笔"，找到 134 号小草笔刷，如图 3-117 所示。

步骤二：新建一个图层。单击"前景色"，在拾色器中选择比较深的绿色，同理，背景色设置为浅绿色，如图 3-118 所示。

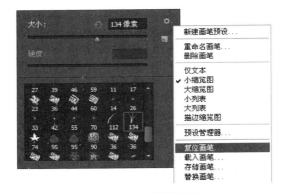

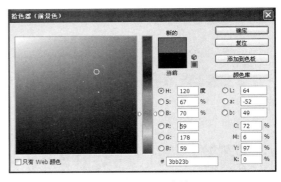

图 3-117 预设画笔   图 3-118 设置颜色

步骤三：在该图层上画小草。通过快捷键"["和"]"来调整笔刷的大小。画出如图 3-119 的小草效果图。

图 3-119 小草效果图

步骤四：再新建一个图层，右击，将画笔改为"特殊效果画笔"，选择 69 号杜鹃花串，如图 3-120 所示。

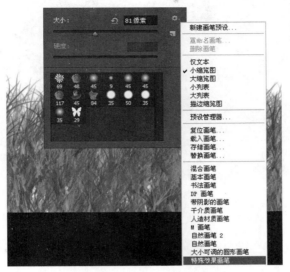

图 3-120　设置特殊效果画笔

步骤五：设置前景色为橘色，背景色为黄色，在画布上涂画，效果如图 3-121 所示。

图 3-121　花朵效果图

步骤六：新建第三个图层，右键将画笔修改成 29 蝴蝶笔刷。前景色调为深紫色，背景色调为浅紫色。在图层上随意地点击，效果如图 3-122 所示。

图 3-122　蝴蝶效果图

步骤七：最后回到背景图层，将前景色设置为天空蓝。在菜单栏上单击"编辑"→"填充", 选择填充前景色。最终效果如图 3-123 所示。

图 3-123　最终效果图

本章习题

1. 改变图像的饱和度, 可以使用 (　　)。

　　A. 加深工具　　　　B. 减淡工具　　　　C. 海绵工具　　　　D. 锐化工具

2. 使用调整图层操作可以调整图像的颜色或色调, 但不会修改图像中的_____, 颜色或色调更改位于_____内。

3. 饱和度表示纯色中_____的相对比例数量, 0 为灰度, 100% 为完全饱和。

任务拓展

请使用所提供的素材 (目录 "素材/第 3 章/任务拓展" 下), 合成如图 3-124 所示的效果。

图 3-124　效果图

第4章 图像

知识目标：
- 了解图像的基础知识。
- 学习四种色彩处理工具。
- 掌握图像处理的基本知识。

能力目标：
- 学会使用拾色器选取颜色处理图像。
- 能够使用裁剪工具、裁切工具、自由变换、变换等方式改变图像。
- 熟练控制图像的色调，主要是图像明暗度的调整。

素质目标：
- 培养学生的创新思维和创新能力。
- 提高学生对图像的认识程度，培养积极健康的情感。

4.1 图像色彩处理

在图像色彩处理操作过程中，主要使用的颜色就是前景色和背景色，前景色和背景色在工具箱下方的色彩选取框中，如同 4-1 所示。颜色选取框中前面的色块是前景色，单击前景色色块可以打开"拾色器"对话框，从中可以选取各种各样的颜色来进行填色等操作。而在下面的色块就是背景色，在操作时背景层上使用橡皮擦擦掉的部分就是由背景色来填充的。

在颜色选取框中，单击"切换前景色和背景色"图标，系统会自动在前景色与背景色之间进行切换。

图 4-1 前景色、背景色

4.1.1 拾色器

在工具箱中单击前景色或背景色色块，都可以打开"拾色器"对话框，如图 4-2 所示，在对话框中可以分别选用 HSB、RGB、Lab 或 CMYK 色彩模式。

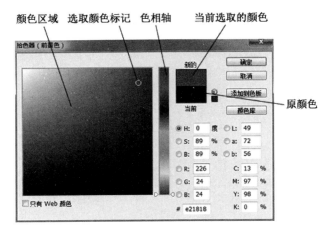

图 4-2　拾色器

4.1.2　颜色面板

执行"窗口"→"颜色"命令，打开"颜色"面板，如图 4-3 所示。

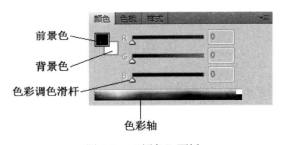

图 4-3　"颜色"面板

4.1.3　色板面板

（1）执行"窗口"→"色板"命令，弹出"色板"面板，如图 4-4 所示。

（2）如果想在色板中增加色样，可以将鼠标指针移动到面板上的空白处，当指针变成油漆桶形状时，单击就会弹出如图 4-5 所示的对话框，对话框内的颜色也就是事先调好的前景色。单击"确定"按钮就可以在"色板"面板中增加颜色。

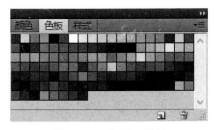

图 4-4　"色板"面板

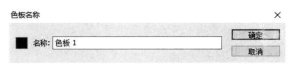

图 4-5　"色板名称"对话框

4.1.4 吸管工具

使用"吸管工具" 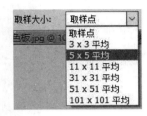，可以直接吸取图像区域的颜色，所得到的颜色会在前景色色块中显示，当然，在吸取色样的同时按住 Alt 键，就可以把吸取的颜色转换为背景色。

在使用"吸管工具" 时，可以在工具选项栏中设置其工具参数，以便更准确地选取颜色，如图 4-6 所示，该工具提供一个"取样大小"的下拉列表框，其中有 7 种方式可供用户选择。

图 4-6 "吸管工具"选项栏

取样点：默认设置，即表示选取颜色精确到一个像素。

3×3 平均：表示以 3×3 个像素的平均值来定义前景色或背景色。

5×5 平均：表示以 5×5 个像素的平均值来定义前景色或背景色。

4.2 图像的裁剪和变换

4.2.1 认识裁剪工具

"裁剪工具" 可以在图像中裁剪所需要的部分图像，保留其他部分，而且可以在裁剪的同时对图像进行旋转、变形，以及改变图像分辨率等操作，图 4-7 为裁剪工具属性栏。

图 4-7 裁剪工具属性栏

宽度：设置裁剪区域的宽度。

高度：设置裁剪区域的高度。

分辨率：设置分辨率区域的大小。

前面的图像：单击此按钮可显示当前图像的实际宽度、高度以及分辨率。

清除：单击此按钮可清除在宽度、高度以及分辨率中设置的数值。

4.2.2 图像的裁剪

裁剪是移去部分图像以形成突出或是加强构图效果的过程，可以使用裁剪工具来裁剪图像，修正歪斜的照片。

【操作实例】利用裁剪工具进行图像裁剪。

步骤一：打开目录"素材/第 4 章"下的图片"1.jpg"。

步骤二：在工具箱中选择"裁剪工具"，如图 4-8 所示，并在所需操作的图像上裁剪，如图 4-9 所示，裁剪后的效果如图 4-10 所示。

图 4-8 选择"裁剪工具"

图 4-9　在图像上裁剪

图 4-10　裁剪后效果图

4.2.3　图像的裁切

Photoshop 裁切工具的作用是裁掉边缘颜色相同的区域。

【操作实例】利用裁切工具进行图像裁切。

步骤一：打开目录"素材/第 4 章"下的图片"2.jpg"，如图 4-11 所示。

图 4-11　需要操作的图像

步骤二：在菜单栏选择"图像"→"裁切"，如图 4-12 所示。

步骤三：在弹出的"裁切"对话框中设置相应的参数，如图 4-13 所示，单击"确定"按钮后效果如图 4-14 所示。

图 4-12　选择"裁切"

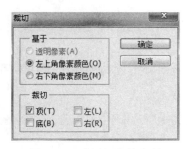

图 4-13　选择相应的参数

图 4-14　裁切后的效果图

4.2.4　图像的自由变换

自由变换工具是指可以通过自由旋转、比例、倾斜、扭曲、透视和变形工具来变换对象的工具。Photoshop 自由变换工具的组合键为 Ctrl+T，功能键为 Ctrl、Shift、Alt，其中 Ctrl 键控制自由变化；Shift 键控制方向、角度和等比例放大或缩小；Alt 键控制中心对称。

【操作实例】利用自由变换工具进行图像的自由变换。

步骤一：打开目录"素材/第 4 章"下的图片"3.jpg"，如图 4-15 所示。

步骤二：打开目录"素材/第 4 章"下的图片"1.jpg"，使用移动工具将所需操作的图像移动到相册图像上，如图 4-16 所示；在菜单栏中选择"编辑"→"自由变换"（或按 Ctrl+T 组合键），如图 4-17 所示，实现自由变换图像的效果。

图 4-15　需要操作的图像

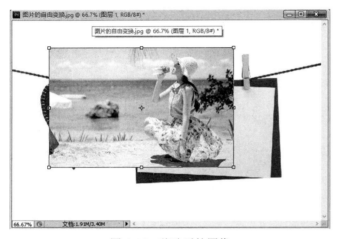

图 4-16　移动后的图像

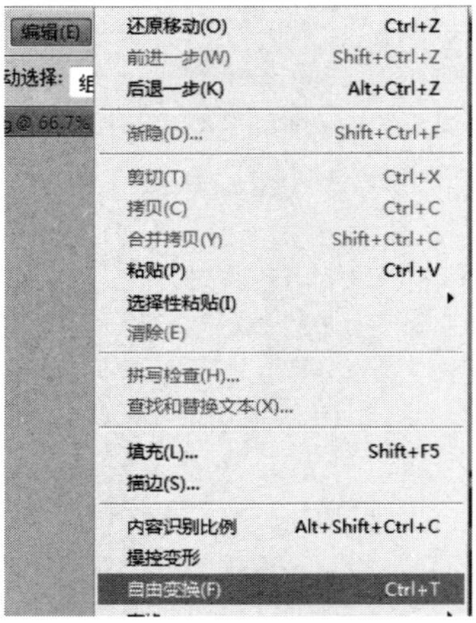

还原移动(O)　　　　　Ctrl+Z
前进一步(W)　　　Shift+Ctrl+Z
后退一步(K)　　　　Alt+Ctrl+Z

渐隐(D)...　　　　　Shift+Ctrl+F

剪切(T)　　　　　　　Ctrl+X
拷贝(C)　　　　　　　Ctrl+C
合并拷贝(Y)　　　　Shift+Ctrl+C
粘贴(P)　　　　　　　Ctrl+V
选择性粘贴(I)　　　　　　　▶
清除(E)

拼写检查(H)...
查找和替换文本(X)...

填充(L)...　　　　　　　Shift+F5
描边(S)...

内容识别比例　　Alt+Shift+Ctrl+C
操控变形

自由变换(F)　　　　　Ctrl+T

图 4-17　选择"自由变换"

　　步骤三：按住 Shift 键等比例缩放，再结合移动工具将其移动到相应的位置上，如图 4-18 所示，自由变换后的效果如图 4-19 所示。

图 4-18　将移动过来的图像进行变形和移动

图 4-19　效果图

4.2.5　图像的变形

图像的变形是图层通过各种变形、扭曲、弯曲等方式来改变图层效果，也可以对图层的某一部分进行变形。

【操作实例】利用"变换"工具来进行图像缩放、旋转、斜切、扭曲、透视、变形、翻转等变换。

步骤一：打开目录"素材/第 4 章"下的图片"4.jpg"，如图 4-20 所示。

图 4-20　需要操作的图像

步骤二：选择"编辑"→"变换"，如图 4-21 所示，选择合适的变换方式，进行各种变换。经过各种变换后的图片效果如图 4-22 至图 4-29 所示。

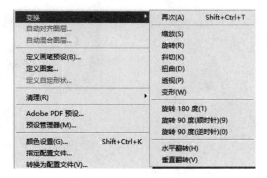

图 4-21　选择变换的方式

图 4-22　缩放

图 4-23　旋转

图 4-24　斜切

图 4-25　扭曲

图 4-26　透视

图 4-27　变形

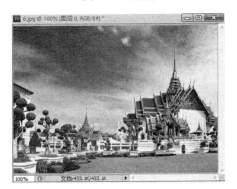

图 4-28　水平翻转

图 4-29　垂直翻转

4.2.6　改变图像的大小

使用 Photoshop 的"图像大小"功能，可以修改图像大小，但会破坏原有图像的品质。它是缩小或扩大当前文件的内容，作用于整个文件，而不仅仅是当前图层，但内容本身没有任何变化。

【操作实例】利用"图像大小"工具来改变图像的大小。

步骤一：打开目录"素材/第 4 章"下的图片"5.jpg"，如图 4-30 所示。

步骤二：在菜单栏上选择"图像"→"图像大小"，如图 4-31 所示。

图 4-30　需要操作的图像

图 4-31　选择"图像大小"

步骤三：在弹出的"图像大小"对话框中改变"图像大小"的值，如图 4-32 所示，单击"确定"按钮后的图像效果如图 4-33 所示。

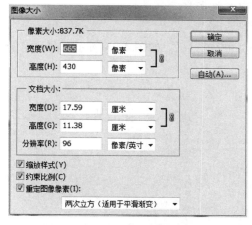

图 4-32　改变"图像大小"的值

图 4-33　效果图

4.3　图像的色彩调整

图像的色彩调整在整个图片的处理过程中是非常重要的一个环节。在图像的色彩调整中，通过单击"图像"→"调整",可以选择多种方式对图像进行色调调整,调整色调的方式如图 4-34 所示。

图 4-34　调整色调的方式

4.3.1　图像色彩调节命令

1. 可选颜色

"可选颜色"是 Photoshop 中的一条关于色彩调整的命令,该命令可以对图像中限定颜色区域中的各像素中的 Cyan(青)、Magenta（洋红）、Yellow（黄）、Black（黑）四色油墨进行调整,从而不影响其他颜色（非限定颜色区域）的表现。

【操作实例】利用"可选颜色"工具来调节图像色彩。

步骤一:打开目录"素材/第 4 章"下的图片"6.jpg"。

步骤二:在菜单栏选择"图像"→"调整"→"可选颜色",如图 4-35 所示。在弹出的"可选颜色"对话框中调整颜色的值,如图 4-36 所示。

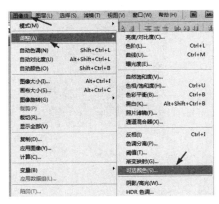

图 4-35　选择"可选颜色"

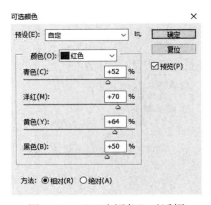

图 4-36　"可选颜色"对话框

步骤三:完成后,原图和调整后的图像对比如图 4-37 和图 4-38 所示。

图 4-37　原图示例　　　　　　　　　　　图 4-38　"可选颜色"调整后效果

2．渐变映射

Photoshop 的"渐变映射"命令可以将相等的图像灰度范围映射到指定的渐变填充色，比如指定双色渐变填充，在图像中的阴影映射到渐变填充的一个端点颜色，高光映射到另一个端点颜色，而中间调映射到两个端点颜色之间的渐变。

【操作实例】利用"渐变映射"工具来调节图像色彩。

步骤一：打开目录"素材/第 4 章"下的图片"6.jpg"。

步骤二：在菜单栏选择"图像"→"调整"→"渐变映射"，在弹出的"渐变映射"对话框中设置渐变颜色，如图 4-39 所示。

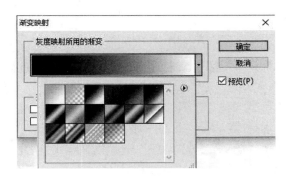

图 4-39　渐变映射

步骤三：完成后，原图像和调整后的图像对比如图 4-40 和 4-41 所示。

图 4-40　原图示例　　　　　　　　　　　图 4-41　"渐变映射"调整后效果

3．反向

反向选择就是选择范围的反转，也就是边界是固定的，将所选区域由选框内侧变为选框外侧，或由选框外侧变为选框内侧。

比如一个矩形画布内，用矩形选框工具选择了左面一半，这时使用反向选择，所选区域就变成了右面一半（即除了原来已经选择的左面一半以外的部分）。

【操作实例】利用"反向"工具来调节图像色彩。

步骤一：打开目录"素材/第 4 章"下的图片"6.jpg"。

步骤二：在菜单栏选择"图像"→"调整"→"反向"，完成后原图与调整后的图像对比如图 4-42 和图 4-43 所示。

图 4-42　原图示例　　　　　　　　　　图 4-43　"反相"调整后效果

4．色调均化

图像过暗或过亮时，可以使用"色调均化"命令通过平均值调整图像的整体亮度。使用"色调均化"命令可以重新分布图像中像素的亮度值，使 Photoshop 图像均匀地呈现所有范围的亮度值。

【操作实例】利用"色调均化"工具来调节图像色彩。

步骤一：打开目录"素材/第 4 章"下的图片"6.jpg"。

步骤二：在菜单栏选择"图像"→"调整"→"色调均化"，完成后，原图和调整后的图像效果对比如图 4-44 和图 4-45 所示。

图 4-44　原图示例　　　　　　　　　　图 4-45　"色调均化"调整后效果

5．色调分离

Photoshop 中的"色调分离"命令可以指定图像中每个通道的色调级（或亮度值）的数量，

并将这些像素映射为最接近的匹配色调上。如将 RGB 图像中的通道设置为只有两个色调，那么 Photoshop 图像只能产生 6 种颜色，即两个红色、两个绿色和两个蓝色。

【操作实例】利用"色调分离"工具来调节图像色彩。

步骤一：打开目录"素材/第 4 章"下的图片"6.jpg"。

步骤二：在菜单栏选择"图像"→"调整"→"色调分离"，在弹出的"色调分离"对话框中，输入色阶的值或者滑动色调滑杆来调整色阶值，如图 4-46 所示。

图 4-46　设置色阶的值

步骤三：完成后，原图像和调整后的图像对比如图 4-47 和图 4-48 所示。

图 4-47　原图示例

图 4-48　"色调分离"调整后效果

6. 变化

Photoshop 中的"变化"命令通过显示调整效果的缩览图，可以使用户很直观、简单地调整 Photoshop 图像的色彩平衡、饱和度和对比度；其功能就相当于"色彩平衡"命令再增加"色相/饱和度"命令的功能。但是,"变化"命令可以更精确、更方便地调节 Photoshop 图像颜色。"变化"命令主要应用于不需要精确色彩调整的平均色调图像。

【操作实例】利用"变化"工具来调节图像色彩。

步骤一:打开目录"素材/第 4 章"下的图片"6.jpg"。

步骤二:在菜单栏选择"图像"→"调整"→"变化",在弹出的"变化"对话框中,可进行选择和设置,如图 4-49 所示。

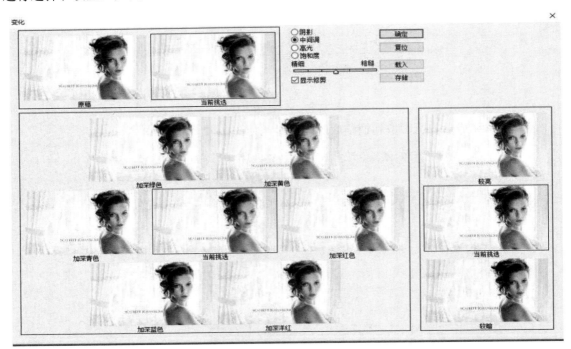

图 4-49   图像变化设置

7. 自动颜色

使用 Photoshop 中的"自动颜色"命令可以自动调整色彩,达到一种协调状态。"自动颜色"命令通过搜索实际图像(而不是通道的用于暗调、中间调和高光的直方图)来调整图像的对比度和颜色。它根据在"自动校正选项"对话框中设置的值来中和中间调并剪切白色和黑色像素。

【操作实例】利用"自动颜色"工具来调节图像色彩。

步骤一:打开目录"素材/第 4 章"下的图片"6.jpg"。

步骤二:在菜单栏选择"图像"→"自动颜色",如图 4-50 所示。

图 4-50   选择"自动颜色"

步骤三：完成后，原图像和调整后的图像对比如图 4-51 和图 4-52 所示。

图 4-51　原图示例

图 4-52　"自动颜色"调整后效果

4.3.2　通道混合器

通道混合器是 Photoshop 软件中的一条关于色彩调整的命令，使用该命令可以调整某一个通道中的颜色成分。执行"图像"→"调整"→"通道混合器"命令，弹出"通道混合器"对话框，如图 4-53 所示。

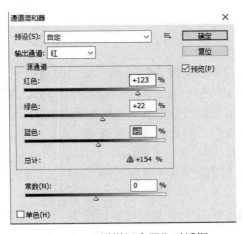

图 4-53　"通道混合器"对话框

输出通道：可以选取要在其中混合一个或多个源通道的通道。

源通道：拖动划块可以减少或增加源通道在输出通道中所占的百分比，或在文本框中直接输入-200～+200 之间的数值。

常数：该选项可以将一个不透明的通道添加到输出通道，若为负值视为黑通道，正值视为白通道。

单色：勾选此选项对所有输出通道应用相同的设置，创建该色彩模式下的灰度图。

【操作实例】利用"通道混合器"工具来调节图像色彩。

步骤一：打开目录"素材/第 4 章"下的图片"7.jpg"。

步骤二：选择"图像"→"调整"→"通道混合器"，在弹出的"通道混合器"对话框中，对图像进行相应的调整。

步骤三：完成后，原图像和调整后的图像对比如图 4-54 和图 4-55 所示。

图 4-54　原图示例　　　　　　　　　　图 4-55　效果图

4.3.3　曲线

"曲线"工具是计算机绘图中最复杂的工具，被用作调整图像的色度、对比度和亮度。用最简单的话来说：拉动 RGB 曲线是改变亮度，拉动 CMYK 曲线是改变油墨。用"曲线"工具可以精确地调整图像，赋予那些原本应当报废的图片新的生命力。

【操作实例】利用"曲线"工具来调节图像色彩。

步骤一：打开目录"素材/第 4 章"下的图片"8.jpg"。

步骤二：在菜单栏选择"图像"→"调整"→"曲线"，弹出"曲线"对话框，如图 4-56 所示。

步骤三：在对话框中的曲线某个点上按住鼠标左键，可以拉动曲线，曲线向上凸变亮，曲线向下凹变暗，如图 4-57 所示。

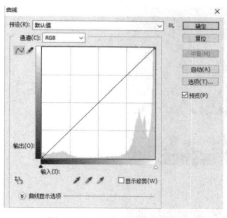

图 4-56　"曲线"对话框

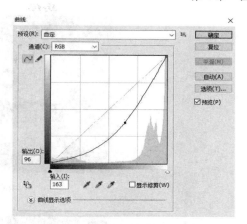

图 4-57　调整"曲线"对话框

步骤四：完成后，原图像和调整后的图像对比如图 4-58 和图 4-59 所示。

图 4-58　原图示例

图 4-59　调整曲线后效果图

4.3.4　去色

去色，通俗上讲是指将对象（多指图片）的彩色"去掉"，而使用黑、白、灰来还原对象信息，即将彩色图像通过运算转化成灰度图像（用黑、白、灰表达原来的图像）。

【操作实例】利用"去色"工具来调节图像色彩。

步骤一：打开目录"素材/第 4 章"下的图片"8.jpg"。

步骤二：在菜单栏选择"图像"→"调整"→"去色"，完成后，原图与调整后图像效果的对比如图 4-60 和图 4-61 所示。

图 4-60   原图示例

图 4-61   去色后效果

4.3.5   色阶

色阶是表示图像亮度强弱的指数标准，也就是我们说的色彩指数，在数字图像处理教程中，指的是灰度分辨率（又称为灰度级分辨率或者幅度分辨率）。图像的色彩丰满度和精细度是由色阶决定的。色阶指亮度，和颜色无关，但最亮的只有白色，最不亮的只有黑色。

【操作实例】利用"色阶"工具来调节图像色彩。

步骤一：打开目录"素材/第 4 章"下的图片"9.jpg"。

步骤二：在菜单栏选择"图像"→"调整"→"色阶"，在弹出的对话框中进行色阶的调整，如图 4-62 所示。如果想要图像变得更亮，可以将白色滑杆和中间的滑杆向左滑动，相反，如果想要图像变得更暗，可以将黑色滑杆向右滑动。

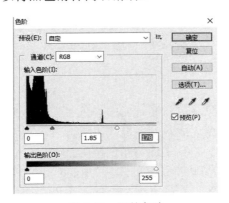

图 4-62   调整色阶

步骤三：完成后，原图与调整后图像效果的对比如图 4-63 和图 4-64 所示。

图 4-63　原图示例

图 4-64　调整色阶后的效果

4.3.6　色彩平衡

色彩平衡是 Photoshop 软件中一个重要环节。通过对图像的色彩平衡处理，可以校正图像色偏、过度饱和或饱和度不足的情况，也可以根据自己的喜好和制作需要，调制需要的色彩，更好地完成画面效果，应用于多种软件和图像、视频制作中。

【操作实例】利用"色彩平衡"工具来调节图像色彩。

步骤一：打开目录"素材/第 4 章"下的图片"10.jpg"。

步骤二：在菜单栏选择"图像"→"调整"→"色彩平衡"，在弹出的"色彩平衡"对话框中，滑动滑杆或者输入合适的值调整色彩，如图 4-65 所示。

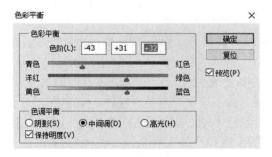

图 4-65　调整色彩平衡

步骤三：完成后，原图与调整后图像效果的对比如图 4-66 和图 4-67 所示。

图 4-66　原图示例

图 4-67　调整色彩平衡后的效果

4.3.7　色相/饱和度

色相：色相是有彩色的最大特征。所谓色相是指能够比较具象地表示某种颜色色别的名称。如玫瑰红、橘黄、柠檬黄、钴蓝、群青、翠绿等。从光学物理上讲，各种色相是由射入人眼的光线的光谱成分决定的。对于单色光来说，色相的面貌完全取决于该光线的波长；对于混合色光来说，则取决于各种波长光线的相对量。物体的颜色是由光源的光谱成分和物体表面反射（或透射）的特性决定的。

饱和度：饱和度是指色彩的鲜艳程度，也称色彩的纯度，可分为 20 级。饱和度取决于该色中含色成分和消色成分（灰色）的比例。含色成分越大，饱和度越大；消色成分越大，饱和度越小。纯的颜色都是高度饱和的，如鲜红、鲜绿。混杂上白色、灰色或其他色调的颜色，是不饱和的颜色，如绛紫、粉红、黄褐等。完全不饱和的颜色根本没有色调，如黑白之间的各种灰色色彩。

明度：明度是指色彩的亮度或明度。颜色有深浅、明暗的变化。比如，深黄、中黄、淡黄、柠檬黄等黄颜色在明度上就不一样，紫红、深红、玫瑰红、大红、朱红、橘红等红颜色在亮度上也不尽相同。这些颜色在明暗、深浅上的不同变化，也就是色彩的又一重要特征。

【操作实例】利用"色相/饱和度"工具来调节图像色彩。

步骤一：打开目录"素材/第 4 章"下的图片"11.jpg"。

步骤二：在菜单栏选择"图像"→"调整"→"色相/饱和度"，在弹出的"色相/饱和度"对话框中，滑动滑杆或者输入合适的值调整色彩，如图 4-68 所示。

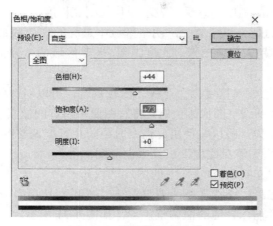

图 4-68　调整色相/饱和度

完成后，原图与调整后图像效果的对比如图 4-69 和图 4-70 所示。

图 4-69　原图示例

图 4-70　调整色相/饱和度后的效果

4.3.8 亮度/对比度

亮度：亮度是人对光的强度的感受，表示图片的明亮程度。

对比度：对比度指的是一幅图像中，明暗区域中最亮的白色和最暗的黑色之间的差异程度。明暗区域的差异范围越大代表图像对比度越高，明暗区域的差异范围越小代表图像对比度越低。

在 Photoshop 中，"亮度/对比度"命令操作比较直观，可以对图像的亮度和对比度进行直接的调整。但是使用此命令调整图像颜色时，将对图像中所有的像素进行相同程度的调整，从而容易导致图像细节的损失，所以在使用此命令时要防止过度调整图像。

【操作实例】利用"亮度/对比度"工具来调节图像色彩。

步骤一：打开目录"素材/第 4 章"下的图片"12.jpg"。

步骤二：在菜单栏选择"图像"→"调整"→"亮度/对比度"，在弹出的"亮度/对比度"对话框中，滑动滑杆或者输入合适的值调整色彩，如图 4-71 所示。

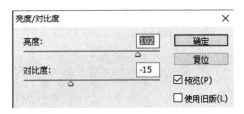

图 4-71　调整"亮度/对比度"

完成后，原图与调整后图像效果的对比如图 4-72 和图 4-73 所示。

图 4-72　原图示例　　　　　　　　　图 4-73　调整"亮度/对比度"后的效果

4.3.9 替换颜色

Photoshop 中的"替换颜色"的命令，通过调整色相、饱和度和亮度参数将图像中指定区域的颜色替换成其他颜色，相当于"色彩范围"命令与"色相/饱和度"命令的综合运用。

【操作实例】利用"替换颜色"工具来调节图像色彩。

步骤一：打开目录"素材/第 4 章"下的图片"13.jpg"。

步骤二：在菜单栏选择"图像"→"调整"→"替换颜色"，在弹出的"替换颜色"对话框中，使用吸管选取颜色范围，改变色相、饱和度、颜色等值，如图 4-74 所示。

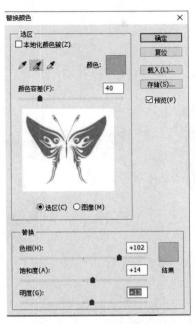

图 4-74　"替换颜色"对话框

完成后，原图与调整后的图像效果对比如图 4-75 和图 4-76 所示。

图 4-75　原图示例

图 4-76　调整"替换颜色"后效果

4.3.10　认识直方图

直方图又叫做柱状图，是表示图像亮度分布的图。直方图用类似山脉的图形表示了图像的每个亮度级别像素的数量，展现了像素在图像中的分布情况。单从曝光角度来讲，直方图按照从黑到白不同的明暗级别统计像素有多少。直方图为我们判断图像的色调提供了准确的科学依据。

直方图的观看规则就是左黑右白，左边代表暗部，右边代表亮部，而中间则代表中间调。纵向上的高度代表像素密集程度，越高，代表的就是分布在这个亮度上的像素很多。

【操作实例】利用"直方图"工具来查看图像信息。

步骤一：打开目录"素材/第 4 章"下的图片"14.jpg"，如图 4-77 所示。

步骤二：在菜单栏单击"窗口"→"直方图"，即可弹出"直方图"面板，可以利用这个直方图来了解图像中亮部与暗部的分布情况，如图 4-78 所示。

图 4-77　原图示例

图 4-78　直方图

4.3.11　阈值

阈值在某些图像处理软件中又称为临界值，或者是差值。阈值的真正意义：它并不是一个单独存在的概念，而是两个像素之间的差值，而且这个差值是个从低限到高限的范围。使用 Photoshop 中"阈值"命令可将灰度或彩色图像转换为高对比度的黑白图像，可以指定某个色阶作为阈值。所有比阈值亮的像素转换为白色；而所有比阈值暗的像素转换为黑色。"阈值"命令对确定图像的最亮和最暗区域很有用。

【操作实例】利用"阈值"工具来调节图像色彩。

步骤一：打开目录"素材/第 4 章"下的图片"15.jpg"，如图 4-79 所示。

图 4-79　原图示例

步骤二：在图层选中图像，右击，选择"复制图层"，如图 4-80 所示。

图 4-80　复制图层

步骤三：在菜单栏选择"图像"→"调整"→"阈值"，在弹出的"阈值"对话框中调整阈值色阶的值，如图 4-81 所示，单击"确定"按钮后的图像效果如图 4-82 所示。

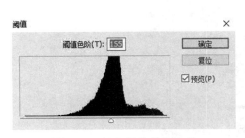

图 4-81　输入阈值色阶的值

图 4-82　调整"阈值"后的效果

步骤四：在"图层"面板的下拉列表框中选择"色相"，如图 4-83 所示，得到如图 4-84 所示的图像效果。

图 4-83　选择"色相"

图 4-84　选择"色相"后的效果

4.4　综合实例

人物头发的色彩调整。

步骤一：打开目录"素材/第 4 章"下的图片"16.jpg"。

步骤二：打开素材，在头发处创建选区，如图 4-85 所示。

图 4-85　创建选区

步骤三：在菜单栏中选择"图像"→"调整"→"色相/饱和度"，调整"色相/饱和度"的值，如图 4-86 所示。

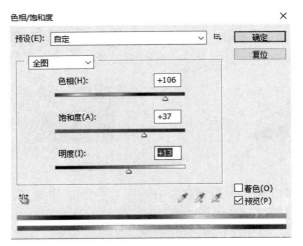

图 4-86　调整色相/饱和度

步骤四：在菜单栏中选择"图像"→"调整"→"替换颜色"，采用吸管在图像中吸取需替换的颜色，如图 4-87 所示。

完成后，图像的效果如图 4-88 所示。

图 4-87　调整"替换"颜色

图 4-88　最终效果

本章习题

1．对于一个已具有图层蒙版的图层而言，如果再次单击"添加蒙版"按钮，则下列（　　）项能够正确描述操作结果。

　　A．无任何结果

　　B．将为当前图层增加一个图层剪贴路径蒙版

　　C．为当前图层增加一个与第一个蒙版相同的蒙版，从而使当前图层具有两个蒙版

　　D．删除当前图层蒙版

2．构成位图图像的最基本单位是（　　）。

　　A．颜色　　　　　　B．通道　　　　　C．图层　　　　　　D．像素

3．渲染/光照效果只对（　　）图像起作用。

　　A．LAB　　　　　　　　　　B．CMYK

　　C．RGB　　　　　　　　　　D．索引

4．（　　）工具用来调节图像的饱和度。

　　A．涂抹　　　　　　　　　　B．海绵

　　C．模糊　　　　　　　　　　D．锐化

5．在用 Photoshop 编辑图像时，可以还原多步操作的面板是（　　）。

　　A．"动作"面板　　　　　　　B．"路径"面板

　　C．"图层"面板　　　　　　　D．"历史记录"面板

6．编辑图像时，只能用来选择规则图形的工具是（　　）。

　　A．矩形选框工具　　　　　　B．魔棒工具

　　C．钢笔工具　　　　　　　　D．套索工具

7．在给图形外部进行描边时，应注意"图层"面板中的（　　）选项不被勾选。

　　A．混合选项　　　　　　　　B．锁定透明像素

　　C．锁定图层　　　　　　　　D．锁定编辑

8．HSB 模式中的 H、S、B 各代表（　　）。

　　A．色相、亮度、饱和度　　　B．饱和度、亮度、色相

　　C．亮度、色相、饱和度　　　D．色相、饱和度、亮度

9．当使用绘图工具时图像符合（　　）条件才可选中 Behind（背后）模式。

　　A．这种模式只在有透明区域层时才可选中

　　B．当图像的色彩模式是 RGB Color 时才可选中

　　C．当图像上新增加通道时才可选中

　　D．当图像上有选区时才可选中

任务拓展

根据所学知识，更换人物的衣服颜色，如图 4-89 和图 4-90 所示。

图 4-89　更换前

图 4-90　更换后

第 5 章　图层

知识目标：
- 了解图层的基本知识和操作。
- 掌握图层编辑的基础。
- 了解图层样式的概念。

能力目标：
- 了解如何对 Photoshop 中的图层进行编辑。
- 掌握图层样式的使用方式。

素质目标：
- 培养学生浓厚的学习兴趣，引导学生探索性自主学习。
- 培养对图层样式的鉴赏能力。

5.1　图层的基本概念

5.1.1　图层的含义

图层是一些可以绘制和存放图像的透明层。在处理图像时，几乎都要用到图层。图层是 Photoshop 中最为重要的内容，图像就像是由多层透明片堆叠起来的，我们可以任意地在某一图层上进行编辑，而不影响其他图层上的图像。

5.1.2　图层的基本种类

图层的基本种类有以下 7 类：

（1）背景图层：背景图层不可以调节图层顺序，永远在最下边，不可以调节不透明度和加图层样式，以及蒙版。可以使用画笔、渐变、图章和修饰工具。

（2）普通图层：可以进行一切操作。

（3）调整图层：可以不破坏原图的情况下，对图像进行色相、色阶、曲线等操作。

（4）填充图层：填充图层也是一种带蒙版的图层。内容为纯色、渐变和图案，可以转换成调整层，可以通过编辑蒙版，制作融合效果。

（5）文字图层：通过文字工具来创建。文字层不可以进行滤镜、图层样式等的操作。

（6）形状图层：可以通过形状工具和路径工具来创建，内容被保存在它的蒙版中。

（7）智能对像：智能对像实际上是指向其他 Photoshop 的一个指针，当更新源文件时，这种变化会自动反映到当前文件中。

5.1.3 图层的面板

使用"图层"面板上的各种功能可以帮助我们完成图像的编辑任务，如创建、复制、删除图层等，"图层"面板如图 5-1 所示。

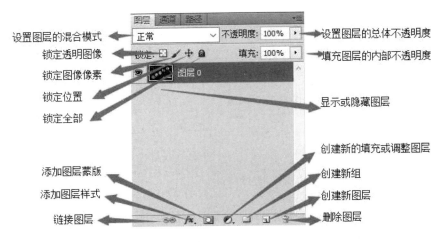

图 5-1 "图层"面板

具体功能介绍：

（1）指示图层可见性：当图层最左侧显示眼睛图标 👁 时，表示该图层处于可见状态。在 👁 上单击，就可以将该图层隐藏起来；再次单击"指示图层可见性"图标，恢复显示。

（2）链接图层：单击"链接图层"按钮 🔗 可以将两个或者两个以上的图层链接起来进行操作。

（3）添加图层样式：单击"图层"面板下面的"添加图层样式"按钮 fx.，可以在图像中添加阴影、浮雕、渐变等效果。

（4）添加图层蒙版：单击"图层"面板下面的"添加图层蒙版"按钮 🔲，可以在当前图层上添加图层蒙版，若事先在图像中创建了选区，单击该按钮，则可以对选区添加蒙版。蒙版能随时被删除，对底图毫无影响。

（5）创建新的填充或调整图层：单击"图层"面板下面的"创建新的填充或调整图层"按钮 ◐.，可以为当前图层创建填充图层或调整图层。填充或调整的图层效果可以随时删掉，对其他图层没有影响。

（6）创建新组：单击"图层"面板下面的"创建新组"按钮 🗀，可以建立一个包含多个图层的图层组，并能将这些图层作为一个对象进行移动、复制等操作。

（7）创建新图层：单击"图层"面板下面的"创建新图层"按钮 🗐，可以在当前图层上方创建一个新图层。

（8）删除图层：单击"图层"面板下面的"删除图层"按钮 🗑，可以删除当前图层。

5.1.4 选择图层的方法

方法 1：将鼠标放置在所需要选择图层的画面上，右击，就会出现位于该位置的图层名，最后选择所要的图层。

　　方法 2：在 Photoshop 中选择"移动工具"，勾选"自动选择"复选框，并在其后的选择框中选择"图层"。这时在要选择的图层上单击某个像素，该图层即被选中。

　　方法 3：将鼠标放置在所需要选择图层的画面上，然后按住 Ctrl+单击，这样就快速选择了该画面所在图层。

　　方法 4：选择多个图层：①按 Shift 键选中连续多个图层；②按 Ctrl 键选中不连续多个图层；③选中多个图层后，按组合键 Ctrl+G 可将选中的图层组合。

5.2　图层的基本操作

5.2.1　创建新图层

【操作实例】创建新图层。

步骤一：打开目录"素材/第 5 章"下的图片"1.jpg"。

步骤二：在"图层"面板中，单击"图层"面板的 按钮，在弹出的控制菜单中选择"新建图层"命令，如图 5-2 所示。此时弹出"新建图层"对话框，如图 5-3 所示。

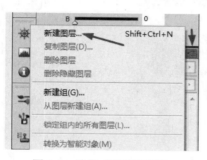

图 5-2　选择"新建图层"

步骤三：设置好"新建图层"对话框中的名称、颜色、模式、不透明度等各项属性值后，单击"确定"按钮，在"图层"面板中就会产生一个新的图层，如图 5-4 所示。

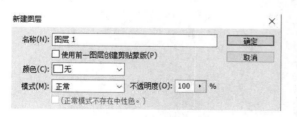

图 5-3　"新建图层"对话框

图 5-4　新建图层后的结果

5.2.2　调整图层的叠放顺序

　　图层的叠放次序直接影响图像显示的真实效果，上方的图层总是遮盖其底下的图层。因此，在编辑图像时，经常以调整各图层之间的叠放次序来实现最终的效果。

【操作实例】调整图层的叠放顺序。

步骤一：打开目录"素材/第 5 章"下的图片"2.png"，并将图层命名为苹果，如图 5-5 所示。

图 5-5 "苹果"图层

步骤二：新建名称为"香蕉"的图层，并单击菜单栏"文件"→"置入"命令，置入目录"素材/第 5 章"下的图片"3.png"，如图 5-6 和图 5-7 所示，此时会看到图层叠放的顺序。

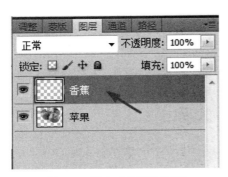

图 5-6 新建"香蕉"图层

图 5-7 叠放效果

步骤三：把"香蕉"图层叠放到"苹果"图层下方，图层叠放效果如图 5-8 所示。

图 5-8 调整图层叠放顺序后的效果

5.2.3 复制图层

【操作实例】复制图层。

步骤一：选中"图层"面板中需要复制的图层，如图 5-9 所示。

步骤二：单击"图层"面板控制菜单中的"复制图层"命令，如图 5-10 所示。

图 5-9　选中复制的图层　　　　　　　　　　　图 5-10　选择"复制图层"

步骤三：在弹出的"复制图层"对话框中，设置好"复制图层"属性值，如图 5-11 所示，单击"确定"按钮，复制完成后的"图层"面板如图 5-12 所示。

图 5-11　"复制图层"对话框

图 5-12　最终效果图

5.2.4　显示和隐藏图层

【操作实例】显示和隐藏图层。

步骤一：打开目录"素材/第 5 章"下的图片"4.jpg"，如图 5-13 所示。

步骤二：单击"指示图层可见性"的"显示/隐藏"按钮 ，就可以显示或隐藏图层，如图 5-14 和图 5-15 所示。隐藏图层后图像效果如图 5-16 所示。

图 5-13　显示隐藏图层素材　　　　　　　　　　图 5-14　显示图层

图 5-15 隐藏图层   图 5-16 隐藏图层效果图

5.2.5 合并图层

对图片操作完成，定稿的时候一般会留一个合并的和一个分层的图片，这个时候就需要运用到图层的合并。

【操作实例】合并图层操作。

步骤一：打开目录"素材/第 5 章"下的图片"5.psd"，如图 5-17 所示。

步骤二：选中要合并的图层，右击，在弹出的快捷菜单中选择"合并图层"，如图 5-18 所示。

图 5-17 合并图层素材   图 5-18 选择"合并图层"

合并后的图层操作界面及效果图如图 5-19 和图 5-20 所示。

图 5-19 合并后图层的操作界面   图 5-20 合并后图层效果图

5.2.6 对齐和分布图层

在图像绘制过程中，有时需要将多个图层依据某种形式进行对齐或分布，以使画面显得更加整齐有序。使用移动工具和菜单命令，可以将图层对齐或平均分布。

【操作实例】将图层对齐或分布。

步骤一：新建一个宽为 600px，高为 200px 的红色背景画布，然后使用横排文字工具输入文字，如图 5-21 所示。

图 5-21　输入文字

步骤二：选中所有文字图层，然后在菜单栏上选择"图层"→"对齐"命令，此时，会发现有 6 种对齐方式，当选择"顶边对齐"后，得到的效果如图 5-22 所示。

图 5-22　顶边对齐效果

步骤三：执行"图层"→"分布"→"右边"命令，此时会看到，文字图层在水平方向的距离相等，效果如图 5-23 所示。

图 5-23　按右分布后的效果

5.2.7　删除图层

删除图层的操作比较简单，只需选中要删除的图层，然后右击，选择"删除图层"命令即可，或者直接单击面板上的 🗑 按钮。

5.3　编辑图层

5.3.1　锁定图层

锁定图层可以防止手误操作，在处理图片过程中经常用到。

【操作实例】锁定图层操作。

步骤一：打开目录"素材/第 5 章"下的图片"5.psd"，如图 5-24 所示。

图 5-24　打开多图层文件

步骤二：把"香蕉"图层锁定。将光标移动到"图层"面板的"香蕉"图层上，当光标变成小手形状时，单击，选中该图层，如图 5-25 所示。

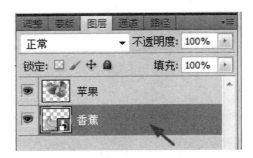

图 5-25　选中要锁定图层

步骤三：在"图层"面板中单击"锁定位置"按钮 ⊕，或者单击"全部锁定"按钮 🔒，如图 5-26 所示。

完成后，在"图层"面板"香蕉"图层的右边出现了小锁的标志，说明"香蕉"图层已经被锁定了，如图 5-27 所示。

图 5-26　锁定图层

图 5-27　图层锁定标志

注意：锁定图层后，利用移动工具来移动"香蕉"图层，会弹出一个提示"无法完成请求，因为图层已锁定"的对话框，如图 5-28 所示。如果想解除图层锁定，再次单击"锁定位置"按钮或者"锁定全部"按钮即可。

图 5-28　锁定图层后移动图层的提示

5.3.2　智能对象

智能对象可以实现图层缩放的无损处理，即对图层执行非破坏性编辑，可以放大或缩小而不会影响图片的清晰度，栅格化后便可以加入滤镜效果。

【操作实例】转换为智能对象图层操作。

步骤一：打开目录"素材/第 5 章"下的图片"6.jpg"，如图 5-29 所示。将它放大，图像开始变得模糊，出现马赛克样的格子。

图 5-29　素材原图

步骤二：打开目录"素材/第 5 章"下的图片"6.jpg"（另一个相同的照片），在图层上右击，在弹出的下拉菜单中选择"转换为智能对象"，如图 5-30 所示。

步骤三：对比正常图层和智能对象图层，智能对象图层缩略图下方出现一个小图标，再次放大图像，图片还是有些模糊，但是相比之前清晰了很多，如图 5-31 所示。

步骤四：在菜单栏上选择"文件"→"置入"，向图片导入新图片时，所显示的新图片即为智能对象。

图 5-30　选择"转换为智能对象"

图 5-31　智能对象图层

对比智能对象和普通图层，两者有明显的不同之处，智能对象的清晰度明显高于普通图层，如图 5-32 所示。

图 5-32　普通图层与智能对象对比

5.3.3　填充图层

填充图层就是给某一图层上色。

【操作实例】填充图层操作。

步骤一：打开目录"素材/第 5 章"下的图片"5.psd"。

步骤二：选中要进行颜色填充的图层，然后在菜单栏上选择"图层"→"新建填充图层"，这里有纯色、渐变和图案三种供选择，如图 5-33 所示。

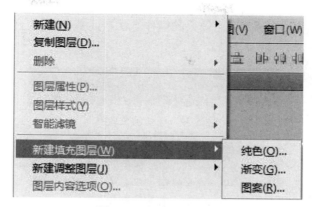

图 5-33　新建填充图层

步骤三：这里选择"纯色"填充，弹出"新建图层"对话框，可以设置"新建图层"的名称、颜色、模式、不透明度等属性，如图 5-34 所示。

图 5-34　"新建图层"对话框

步骤四：单击"确定"按钮后，弹出"拾取实色"对话框，如图 5-35 所示，设置填充颜色，默认为前景色，完成后填充效果如图 5-36 所示。

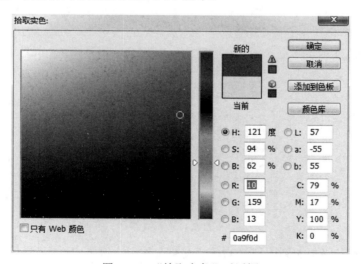

图 5-35　"拾取实色"对话框

图 5-36　纯色填充效果

步骤五："渐变"和"图案"填充效果的操作方法与此基本相同，效果如图 5-37 和图 5-38 所示。

图 5-37　渐变填充效果

图 5-38　图案填充效果

5.3.4　图层编组

图层组有两方面的作用：一是有效组织和管理各个图层；二是可以缩短图层面板的占用空间。

【操作实例】图层编组操作。

步骤一：单击"图层"面板的"创建新组"按钮，即可创建一个组，如图 5-39 所示，或者执行菜单"图层"→"新建"→"组"，也可以创建一个新组，如图 5-40 所示，建好的新组如图 5-41 所示。

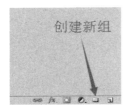

图 5-39　创建新组

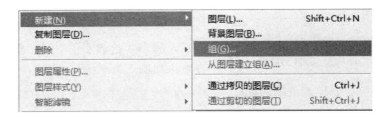

图 5-40　用菜单创建新组

图 5-41　新组

步骤二：选择需要添加到图层组的多个图层，按组合键 Ctrl+G 可将所选图层加到组，按组合键 Ctrl+Shift+G 可取消分组。

另外，图像制作过程中，如果图层数过多，会导致"图层"面板拉得很长，使得查找图层很不方便。可以将相关的一个大类放在同一个图层组中。需要的时候展开图层组，不需要的时候就将其折叠起来。无论组中有多少个图层，折叠后只占用相当于一个图层的位置，未分组和分组的"图层"面板效果如图 5-42 和图 5-43 所示。

图 5-42　未分组效果图

图 5-43　分组效果图

新建的图层组，默认名称是"组 1""组 2"……"组 n"，可以双击组名，给图层组来重新定义一个有实际意义的名称即可，图层组的命名和图层的命名方法完全一样。这样可以方便查找与分类。

5.4　图层的混合模式

5.4.1　混合模式简介

混合模式是图像处理技术中的一个技术名词，不仅用于广泛使用的 Photoshop 中，也应用于 AfterEffect、Illustrator、Dreamweaver、Fireworks 等软件。主要功能是可以用不同的方法将对象颜色与底层对象的颜色混合。将一种混合模式应用于某一对象时，在此对象的图层或组下方的任何对象上都可看到混合模式的效果。

需要明确一个概念，即"基色""混合色""结果色"的关系，即基色+混合色=结果色。实际上，混合模式就是指基色和混合色之间的运算方式，在混合模式中，每个模式都有其独特的计算公式。

5.4.2　图层混合模式的种类

在"图层"面板左上角的"设置图层的混合模式"下拉列表框中可以选择图层混合模式效果，如图 5-44 所示。

在"设置图层的混合模式"下拉列表框中主要有 6 个模式组：通常组、变暗组、变亮组、饱和度组、差集组和颜色组。

1．通常组

（1）正常模式：在该模式下调整上面图层的不透明度可以使当前图像与底层图像产生混合效果，打开目录"素材/第 5 章"下的图片"7.psd"，在正常模式下调整不透明度效果如图 5-45 和图 5-46 所示。

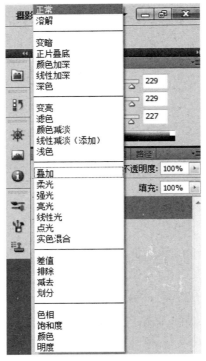

图 5-44　图层混合模式

图 5-45　"正常"模式 100%

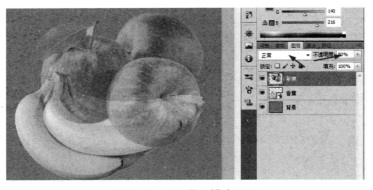

图 5-46　"正常"模式 70%

（2）溶解模式：特点是配合调整不透明度可创建点状喷雾式的图像效果，不透明度越低，像素点越分散，如图 5-47 和图 5-48 所示。

图 5-47　"溶解"模式 70%

图 5-48　"溶解"模式 50%

（3）背后模式：最终色和绘图色相同。当在有透明区域的图层上操作时背后模式才会出现，可将绘制的线条放在图层中图像的后面。这模式被用来在一个图层内对透明的部分进行涂画；但当图层里的"保持透明区域"选中时就不可用了。它只可以用涂画工具（画笔、喷枪、图章、历史记录画笔、油漆桶）或是填充命令在图层内的一个对象画上阴影或色彩。

（4）清除模式：同背后模式一样，当在图层上操作时，清除模式才会出现。利用清除模式可将图层中有像素的部分清除掉。当有图层时，利用清除模式，使用喷漆桶工具可以将图层中的颜色相近的区域清除掉。可在喷漆桶工具的选项栏中设定"预值"以确定喷漆桶工具所清除的范围。工具选项栏中的"用于所有图层"选项在清除模式下无效。

2. 变暗组

（1）变暗模式：特点是处理比当前图像更暗的区域。比混合色亮的像素被替换，比混合色暗的像素保持不变。与白色混合不产生变化。

（2）正片叠底模式：特点是除白色以外的其他区域都会使基色变暗。注意任何颜色与黑色复合产生黑色。任何颜色与白色复合保持不变。与白色混合不产生变化。

（3）颜色加深模式：特点是加强深色区域。原理是通过增加对比度使基色变暗以反映混合色。与白色混合不产生变化。

（4）线性加深模式：线性加深模式与正片叠底模式的效果相似，但产生的对比效果更强烈，相当于正片叠底与颜色加深模式的组合。原理是通过减小亮度使基色变暗以反映混合色。与白色混合同样不产生变化。

（5）深色模式：比较混合色和基色的所有通道值的总和并显示较小的颜色。与"变暗"模式下得到的图像效果对比会发现二者的区别就是使用"深色"混合模式不会产生第三种颜色，图像中的颜色不会发生变化，可以明确地从结果色中找出哪里是基色的颜色，哪里是混合色的颜色。

3. 变亮组

（1）变亮模式：变亮模式与变暗模式产生的效果相反。选择基色或混合色中较亮的颜色作为结果色。基色比混合色亮的像素保持基色不变，比混合色暗的像素显示为混合。

（2）滤色模式：作用结果和正片叠底刚好相反，它是将两个颜色的互补色的像素值相乘，然后除以 255 得到的最终色的像素值。通常执行滤色模式后的颜色都较浅。任何颜色和黑色执行滤色，原色不受影响；任何颜色和白色执行滤色得到的是白色；而与其他颜色执行滤色会产生漂白的效果。

（3）颜色减淡模式：查看每个通道的颜色信息，通过降低"对比度"使底色的颜色变亮来反映绘图色，和黑色混合没变化。除了指定在这个模式的层上边缘区域更尖锐，以及在这个模式下着色的笔画之外，颜色减淡模式类似于滤色模式创建的效果。另外，不管何时定义颜色减淡模式混合前景与背景像素，背景图像上的暗区域都将会消失。

（4）线性减淡模式（添加）：查看每个通道的颜色信息，通过增加"亮度"使底色的颜色变亮来反映绘图色，和黑色混合没变化。

（5）浅色模式：比较混合色和基色的所有通道值的总和并显示值较大的颜色。"浅色"不会生成第三种颜色（可以通过"变亮"混合获得），因为它将从基色和混合色中选取最大的通道值来创建结果色。

4. 饱和度组

（1）叠加模式：特点是在为底层图像添加颜色时，可保持底层图像的高光和暗调。复合或过滤颜色，具体取决于基色。图案或颜色在现有像素上叠加，同时保留基色的明暗对比。不替换基色，但基色与混合色相混以反映原色的亮度或暗度。

（2）柔光模式：使颜色变亮或变暗，可产生比叠加模式或强光模式更为精细的效果。如果混合色（光源）比 50% 灰色亮，则图像变亮，就像被减淡了一样。如果混合色（光源）比 50% 灰色暗，则图像变暗，就像被加深了一样。用纯黑色或纯白色绘画会产生明显较暗或较亮的区域，但不会产生纯黑色或纯白色。

（3）强光模式：强光模式特点是可增加图像的对比度，它相当于正片叠底和滤色的组合。此效果与耀眼的聚光灯照在图像上相似。这对于向图像中添加高光和向图像添加暗调非常有用。用纯黑色或纯白色绘画会产生纯黑色或纯白色。

（4）亮光模式：特点是混合后的颜色更为饱和，可使图像产生一种明快感，它相当于颜色减淡和颜色加深的组合。通过增加或减小对比度来加深或减淡颜色。

（5）线性光模式：特点是可使图像产生更高的对比度效果，从而使更多区域变为黑色和白色，它相当于线性减淡和线性加深的组合。通过减小或增加亮度来加深或减淡颜色。

（6）点光模式：特点是可根据混合色替换颜色，主要用于制作特效，它相当于变亮与变暗模式的组合。如果混合色（光源）比 50% 灰色亮，则替换比混合色暗的像素，而不改变比混合色亮的像素。如果混合色比 50% 灰色暗，则替换比混合色亮的像素，而不改变比混合色暗的像素。

（7）实色混合模式：特点是可增加颜色的饱和度，使图像产生色调分离的效果。

5．差集组

（1）差值模式：混合色中的白色区域会使图像产生反相的效果，而黑色区域则会越接近底层图像。原理是从基色中减去混合色，或从混合色中减去基色，具体取决于哪一个颜色的亮度值更大。与白色混合将反转基色值；与黑色混合则不产生变化。

（2）排除模式：排除模式可比差值模式产生更为柔和的效果。创建一种与"差值"模式相似但对比度更低的效果。与白色混合将反转基色值。与黑色混合则不发生变化。

（3）减去模式：基色的数值减去混合色，与差值模式类似，如果混合色与基色相同，那么结果色为黑色。在差值模式下如果混合色为白色那么结果色为黑色，如混合色为黑色那么结果色为基色不变。

（4）划分模式：基色分割混合色，颜色对比度较强。在划分模式下如果混合色与基色相同则结果色为白色，如混合色为白色则结果色为基色不变，如混合色为黑色则结果色为白色。

6．颜色组

（1）色相模式：用基色的亮度和饱和度以及混合色的色相创建结果色。该模式可将混合色层的颜色应用到基色层图像中，并保持基色层图像的亮度和饱和度。

（2）饱和度模式：饱和度模式特点是可使图像的某些区域变为黑白色，该模式可将当前图像的饱和度应用到底层图像中，并保持底层图像的亮度和色相。

（3）颜色模式：特点是可将当前图像的色相和饱和度应用到底层图像中，并保持底层图像的亮度。可以保留图像中的灰阶，并且对于给单色图像上色和给彩色图像着色都会非常有用。

（4）明度模式：特点是可将当前图像的亮度应用于底层图像中，并保持底层图像的色相与饱和度。此模式创建与颜色模式相反的效果。

5.5　图层样式

5.5.1　图层样式简介

利用图层样式功能，可以简单快捷地制作出各种立体投影、各种质感以及光景效果的图像特效。与不用图层样式的传统操作方法相比较，图层样式具有速度更快，效果更精确，更强的可编辑性等无法比拟的优势。

常用的图层样式有：

（1）投影：将为图层上的对象、文本或形状后面添加阴影效果。投影参数由"混合模式""不透明度""角度""距离""扩展"和"大小"等各种选项组成，通过对这些选项的设置可以得到需要的效果。

（2）内阴影：将在对象、文本或形状的内边缘添加阴影，让图层产生一种凹陷外观，对文本对象使用内阴影效果效果更佳。

（3）外发光：将从图层对象、文本或形状的边缘向外添加发光效果。设置参数可以让对象、文本或形状更精美。

（4）内发光：将从图层对象、文本或形状的边缘向内添加发光效果。

（5）斜面和浮雕：使用"样式"下拉菜单为图层添加高亮显示和阴影的各种组合效果。"斜面和浮雕"对话框样式参数解释如下。

①外斜面：沿对象、文本或形状的外边缘创建三维斜面。

②内斜面：沿对象、文本或形状的内边缘创建三维斜面。

③浮雕效果：创建外斜面和内斜面的组合效果。

④枕状浮雕：创建内斜面的反相效果，其中对象、文本或形状看起来下沉。

⑤描边浮雕：只适用于描边对象，即在应用描边浮雕效果时才打开描边效果。

（6）光泽：将对图层对象内部应用阴影，与对象的形状互相作用，通常创建规则波浪形状，产生光滑的磨光及金属效果。

（7）颜色叠加：将在图层对象上叠加一种颜色，即用一层纯色填充到应用样式的对象上。从"设置叠加颜色"选项可以通过"选取叠加颜色"对话框选择任意颜色。

（8）渐变叠加：将在图层对象上叠加一种渐变颜色，即用一层渐变颜色填充到应用样式的对象上。通过"渐变编辑器"还可以选择使用其他的渐变颜色。

（9）图案叠加：将在图层对象上叠加图案，即用一致的重复图案填充对象。从"图案拾色器"中还可以选择其他的图案。

（10）描边：使用颜色、渐变颜色或图案描绘当前图层上的对象、文本或形状的轮廓，对于边缘清晰的形状（如文本），这种效果尤其有用。

5.5.2　添加图层的样式

【操作实例】添加图层的样式。

（1）方法一。

步骤一：打开目录"素材/第 5 章"下的图片"8.jpg"，如图 5-49 所示。

图 5-49　原图示例

步骤二：建立一个文字图层（其他图层也可以），然后单击"图层"面板下方的"添加图层样式"按钮，如图 5-50 所示。

步骤三：在选择样式后，弹出"图层样式"对话框，如图 5-51 所示，对话框左边是可供选择的样式，右边是所选样式的具体参数设置。

样式设置完成后，单击"确定"按钮得到参考效果如图 5-52 所示。

图 5-50　添加图层样式

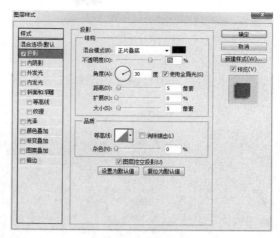

图 5-51　"图层样式"对话框

图 5-52　添加投影图层样式效果

（2）方法二。

快速进行图层设置的方式：双击"图层"面板上的图层图标，如图 5-53 所示，在弹出的"图层样式"对话框中进行设置。

（3）方法三。

通过在菜单栏上选择"菜单栏"→"图层"→"图层样式"进行设置，如图 5-54 所示。

图 5-53　双击弹出图层样式设置界面

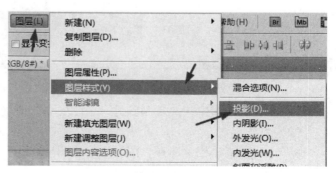

图 5-54　打开图层样式设置界面

4．图层样式的复制

【操作实例】复制图层样式。

（1）方法一。

步骤一：先创建一个有添加图层样式的文字图层和一个没有添加图层样式的文字图层，如图 5-55 所示。

图 5-55　文字图层

步骤二：在"图层"面板中选择有图层样式的那个图层，右击，在弹出的菜单中选择"拷贝图层样式"，如图 5-56 所示。

步骤三：选择需要设置的图层，右击，在弹出的菜单中选择"粘贴图层样式"，如图 5-57 所示，完成图层样式复制后的效果如图 5-58 所示。

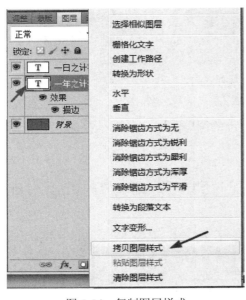

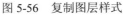

图 5-56　复制图层样式

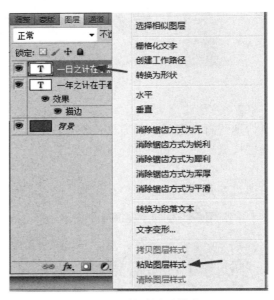

图 5-57　粘贴图层样式

这样便可以将图层样式复制到另一个图层上，图层中的效果就被添加到新的图层中。

（2）方法二。

步骤一：在菜单栏中选择"图层"→"图层样式"→"拷贝图层样式"，复制图层样式，如图 5-59 所示。

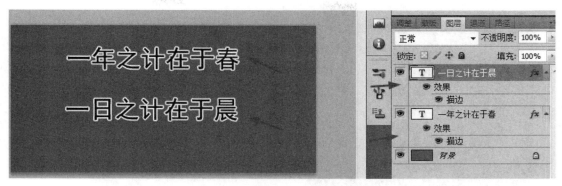

图 5-58　复制图层样式效果图

步骤二：在菜单栏中选择"图层"→"图层样式"→"粘贴图层样式"，即可将复制的图层样式粘贴到目标图层上，如图 5-60 所示。

图 5-59　复制图层样式

图 5-60　粘贴图层样式

5.6　综合实例

利用图层蒙版实现人物的换脸操作。

操作步骤：

步骤一：打开目录"素材/第 5 章"下的图片"9.jpg"和"10.jpg"，如图 5-61 和图 5-62 所示。

步骤二：使用移动工具将素材 1 移动至素材 2 中，调低素材图片的不透明度，方便看到下面的图层，如图 5-63 所示。

步骤三：按组合键 Ctrl+T，调整老虎头的大小和位置，直到与背景图层的头部重合，效果如图 5-64 所示。

图 5-61　素材 1

图 5-62　素材 2

图 5-63　水平翻转

图 5-64　自由变换

步骤四：将老虎的图层透明度调至 100%。选择"图层"→"图层蒙版"→"隐藏全部"，可以得到如图 5-65 所示的图层，单击黑色的图层激活图层蒙版。

步骤五：将前景色设置为白色，选择"画笔工具"，设置合适的笔刷大小，在猫的脸上涂抹。最终效果如图 5-66 所示。

图 5-65　图层

图 5-66　效果图

本章习题

1. 填充图层不包括（　　）。
   A. 图案填充图层
   B. 纯色填充图层
   C. 渐变填充图层
   D. 快照填充图层
2. （　　）可以复制一个图层。
   A. 将图层拖放到"图层"面板下方"创建新图层"图标上
   B. 选择"编辑"→"复制"
   C. 选择"图像"→"复制"
   D. 选择"文件"→"复制图层"
3. 下列方法中可以不建立新图层的是（　　）。
   A. 使用文字工具在图像中添加文字
   B. 双击"图层"面板的空白处
   C. 单击"图层"面板下方的"新建"按钮
   D. 使用鼠标将当前图像拖动到另一张图像上
4. （　　）可以将填充图层转化为一般图层。
   A. 双击"图层"面板中的"填充图层"图标
   B. 按住 Alt 键单击"图层"面板中的"填充图层"
   C. 执行"图层"→"点阵化"→"填充内容"命令
   D. 执行"图层"→"改变图层内容"命令
5. 可以快速弹出"图层"面板的快捷键是（　　）。
   A. F7　　　　　　　　　　B. F5
   C. F8　　　　　　　　　　D. F6
6. 在"通道"面板中，按住（　　）键的同时单击垃圾桶图标，可直接将选中的通道删除。
   A. Ctrl　　　　　　　　　B. Shift
   C. Alt　　　　　　　　　D. Alt+Shift
7. 在（　　）情况下可利用图层和图层之间的裁切组关系创建特殊效果。
   A. 需要将多个图层进行移动或编辑
   B. 使用一个图层成为另一个图层的蒙版
   C. 需要移动链接的图层
   D. 需要隐藏某图层中的透明区域

任务拓展

利用所提供的素材，根据本章所学的知识及图层蒙版知识，改变图 5-67 中的美女头发颜色，效果如图 5-68 所示。

图 5-67　原图

图 5-68　效果图

第6章 通道与蒙版

学习目标

知识目标：
- 了解通道的使用。
- 了解蒙版的分类和应用。
- 学习蒙版相关知识。

能力目标：
- 学会对通道进行编辑操作。
- 学会使用专色通道、应用图像、通道与选区、通道分离与合并功能。
- 熟练掌握建立蒙版、编辑蒙版的方法。

素质目标：
- 培养学生认真、细心的工作态度。
- 提高学生对图像的欣赏力。

6.1 通道

6.1.1 通道简介

1. 通道的定义

通道的概念，是由遮板演变而来的，也可以说通道就是选区。在通道中，以白色代替透明表示要处理的部分（选择区域），以黑色表示不需处理的部分（非选择区域）。因此，通道也与遮板一样，没有其独立的意义，而只有在依附于其他图像（或模型）存在时，才能体现其功用。而通道与遮板的最大区别，也是通道最大的优越之处，在于通道可以完全由计算机来进行处理，也就是说，它是完全数字化的。

2. 通道的功能

（1）可建立精确的选区。运用蒙版和选区或是滤镜功能建立某白色区域代表选择区域的部分。

（2）可以存储选区和载入选区备用。

（3）可以制作其他软件（比如 Illustrator、Pagemaker）需要导入的"透明背景图片"。

（4）可以看到精确的图像颜色信息，有利于调整图像颜色。利用 Info 面板可以体会到这一点，不同的通道都可以用 256 级灰度来表示不同的亮度。

（5）印刷出版方便传输、制版。可以把 CMYK 色的图像文件 4 个通道拆开分别保存成 4 个黑白文件。而后同时打开，按 CMYK 的顺序再放到通道中就可恢复成 CMYK 色彩的原文件了。

3．Photoshop 通道的工具

单纯的通道操作是不可能对图像本身产生任何效果的，必须同其他工具结合，如蒙版工具、选区工具和绘图工具（其中蒙版是最重要的），当然要想做出一些特殊的效果的话就需要配合滤镜特效、颜色调整来一起操作。

（1）利用选区工具。

Photoshop 中的选择工具包括遮罩、套索、魔术棒、字体遮罩以及由路径转换选区等，利用这些工具在通道中进行编辑等同于对一个图像的操作。

（2）利用绘图工具。

绘图工具包括喷枪、画笔、铅笔、图章、橡皮擦、渐变、油漆桶、模糊锐化和涂抹、加深/减淡和海绵等工具。利用绘图工具编辑通道的一个优势在于可以精确地控制笔触，从而可以得到更为柔和以及足够复杂的边缘。这里要提一下的是渐变工具。因为这个工具特别容易被人忽视，但相对于通道来说特别有用。它是 Photoshop 中严格意义上的一次可以涂画多种颜色而且包含平滑过度的绘画工具，对于通道而言，也就是带来了平滑细腻的渐变。

（3）利用图像调整工具。

调整工具包括色阶和曲线调整。当选中希望调整的通道时，按住 Shift 键，再单击另一个通道，最后打开图像中的复合通道。这样就可以强制这些工具同时作用于一个通道。对于编辑通道来说，这当然是有用的，但实际上并不常用的，因为可以建立调整图层而不必破坏最原始的信息。

（4）利用滤镜特性。

在通道中进行滤镜操作，通常是在有不同灰度的情况下，而运用滤镜的原因，通常是因为我们刻意追求一种出乎意料的效果或者只是为了控制边缘。原则上讲，可以在通道中运用任何一个滤镜去试验，大部分人在运用滤镜操作通道时通常有着较为明确的愿望，比如锐化或者虚化边缘，从而建立更适合的选区。

3．"通道"面板

通道记录了图像大部分的信息，包括图像色彩、内容和选区。通道具有存储图像的色彩资料、存储和创建选区和抠图的功能。利用"通道"面板可以管理图像中的所有通道及编辑各类通道。

打开目录"素材/第 6 章"下的图片"1.jpg"，如图 6-1 所示。

执行"窗口"→"通道"命令，可以显示"通道"面板。在"通道"面板中有 4 个功能按钮，该面板中列出了图像中的所有通道，如图 6-2 所示。

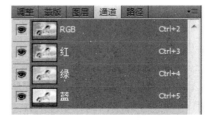

图 6-1　图像示例　　　　　　　　　图 6-2　"通道"面板

通道的 4 个按钮功能如下：

（1）将通道作为选区载入 ：从当前通道载入选区。

（2）将选区存储为通道 ：在图像中建立选区，单击该按钮后，在"通道"面板中会建立一个新的 Alpha 通道保存当前选区，以备来随时调用。

（3）创建新通道 ：单击此按钮可以建立一个新通道。

（4）删除当前通道 ：单击此按钮可以删除当前通道。

6.1.2　通道的简单操作

1. 通道的显示与隐藏

【操作实例】通道的显示或隐藏操作。

步骤一：打开目录"素材/第 6 章"下的图片"1.jpg"。

步骤二：单击通道左边的"眼睛"图标，可显示或隐藏通道，如图 6-3 所示。

步骤三：单击复合通道可以显示所有的默认颜色通道，如图 6-4 所示。

图 6-3　显示或隐藏通道　　　　　　　　图 6-4　显示复合通道

2. 通道的创建、复制、删除

【操作实例】通道的创建、复制与删除操作。

步骤一：打开目录"素材/第 6 章"下的图片"1.jpg"。

步骤二：在"通道"面板控制菜单中选择"新建通道"命令，如图 6-5 所示，弹出"新建通道"对话框，如图 6-6 所示。在"新建通道"对话框中设置好名称、色彩指示、颜色等属性，单击"确定"按钮后即可创建出一个新通道，如图 6-7 所示。

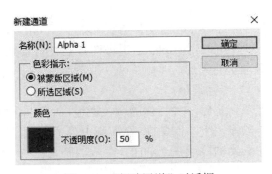

图 6-5　新建通道　　　　　　　　图 6-6　"新建通道"对话框

步骤三：在"通道"面板控制菜单中选择"复制通道"命令，弹出"复制通道"对话框，如图 6-8 所示，设置好属性并单击"确定"按钮即可完成通道的复制。

图 6-7 建立新通道后的"通道"面板 图 6-8 "复制通道"对话框

步骤四：在"通道"面板控制菜单中，选中所要删除的通道，然后单击删除图标🗑即可删除通道。

6.1.3 通道的分类及应用

1. 通道的分类

通道分为颜色通道（也叫原色通道）、Alpha 通道、专色通道三种。在"通道"面板中选择一个或多个通道，将突出显示所有选中或现用的通道的名称。

（1）颜色通道。

一个图片被建立或者打开以后是自动会创建颜色通道的。当在 Photoshop 中编辑图像时，实际上就是在编辑颜色通道。这些通道把图像分解成一个或多个色彩成分，图像的模式决定了颜色通道的数量，RGB 模式有 R、G、B 三个颜色通道，CMYK 图像有 C、M、Y、K 四个颜色通道，灰度图只有一个颜色通道，它们包含了所有将被打印或显示的颜色。当查看单个通道的图像时，图像窗口中显示的是没有颜色的灰度图像，通过编辑灰度级的图像，可以更好地掌握各个通道原色的亮度变化。

（2）Alpha 通道。

Alpha 通道是计算机图形学中的术语，指的是特别的通道。有时，它特指透明信息，但通常的意思是"非彩色"通道。Alpha 通道是为保存选择区域而专门设计的通道，在生成一个图像文件时并不是必须产生 Alpha 通道。通常它是由人们在图像处理过程中人为生成，并从中读取选择区域信息的。因此在输出制版时，Alpha 通道会因为与最终生成的图像无关而被删除。但也有时，比如在三维软件最终渲染输出的时候，会附带生成一张 Alpha 通道，用以在平面处理软件中做后期合成。

除了 Photoshop 的文件格式 PSD 外，GIF 与 TIFF 格式的文件都可以保存 Alpha 通道。而 GIF 文件还可以用 Alpha 通道做图像的去背景处理操作。因此可以利用 GIF 文件的这一特性制作任意形状的图形。

（3）专色通道。

专色通道是一种特殊的颜色通道，它可以使用除了青色、洋红（有人叫品红）、黄色、黑色以外的颜色来绘制图像。在印刷中为了让自己的印刷作品与众不同，往往要做一些特殊处理。如增加荧光油墨或夜光油墨，套版印制无色系（如烫金）等，这些特殊颜色的油墨（我们称其为"专色"）都无法用三原色油墨混合而成，这时就要用到专色通道与专色印刷了。

在图像处理软件中，都存有完备的专色油墨列表。只须选择需要的专色油墨，就会生成与其相应的专色通道。但在处理时，专色通道与原色通道恰好相反，用黑色代表选取（即喷绘油墨），用白色代表不选取（不喷绘油墨）。由于大多数专色无法在显示器上呈现效果，所以其制作过程也需要相当丰富的经验。

2.　通道的应用

（1）专色通道的应用。

【操作实例】专色通道的应用。

步骤一：打开目录"素材/第 6 章"下的图片"2.jpg"。

步骤二：创建选区。可以选择"魔棒工具"创建选区，如图 6-9 所示。

图 6-9　创建选区

步骤三：新建专色通道。在"通道"面板中选择"新建专色通道"，弹出"新建专色通道"对话框，如图 6-10 所示。

图 6-10　输入名称和调整颜色、密度

步骤四：调整颜色。在"新建专色通道"对话框中设置名称、颜色和密度属性后，单击"确定"按钮，得到的最终效果图如图 6-11 所示。

图 6-11　效果图

（2）应用图像。

"应用图像"命令，可以将一个图像的图层及通道与另一幅具有相同尺寸的图像中的图层及通道合成，是一个功能强大、效果多变的命令，是高级合成技术之一。

【操作实例】"应用图像"命令的应用。

步骤一：打开目录"素材/第 6 章"下的图片"3.jpg"，如图 6-12 所示。

步骤二：在"通道"面板中选择绿色通道，如图 6-13 所示。

 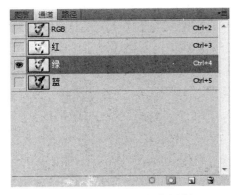

图 6-12　原图示例　　　　　　　　　　图 6-13　选择显示绿色通道

步骤三：在菜单栏中选择"图像"→"应用图像"，弹出"应用图像"对话框，如图 6-14 所示。设置完成后，最终效果如图 6-15 所示。

图 6-14　"应用图像"对话框

图 6-15　效果图

（3）通道与选区。

通道的概念源于图像的模式，用来表示图像模式的颜色分量。而选区则是利用选区工具，选择部分图像区域的一个操作方法，主要是用来通过选择来提取部分图像，或者创设特殊效果。选区与通道可以互相辅助，完成很多复杂特异的任务。

【操作实例】通道与选区的结合应用。

步骤一：打开目录"素材/第 6 章"下的图片"4.jpg"。

步骤二：创建选区，如图 6-16 所示。

图 6-16　为图像创建选区

步骤三：在"通道"面板下单击"将选区存储为通道"，如图 6-17 所示，将选区存储为通道后的操作面板如图 6-18 所示。

图 6-17　单击"将选区存储为通道"

图 6-18　将选区存储为通道后的面板

（4）通道分离与合并。

在"通道"面板中存在的通道是可以进行重新拆分和拼合的，拆分后可以得到不同通道下的图像显示的灰度效果。

【操作实例】通道分离与合并应用。

步骤一：打开目录"素材/第 6 章"下的图片"5.jpg"。

步骤二：在"通道"面板控制菜单中选择"分离通道"，如图 6-19 所示。选择"分离通道"后的"通道"面板和图片效果分别如图 6-20 和图 6-21 所示。

图 6-19　选择"分离通道"

图 6-20　选择"分离通道"后的"通道"面板

图 6-21　选择"分离通道"后的图片效果

步骤三：在"通道"面板控件菜单中选择"合并通道"，弹出"合并通道"对话框，如图 6-22 所示。选择 RGB 颜色模式，如图 6-23 所示。合并通道后效果如图 6-24 所示。

图 6-22　"合并通道"对话框

图 6-23　选择指定通道

图 6-24　"合并通道"后的效果图

6.2　蒙版

6.2.1　蒙版简介

1. 蒙版的定义

蒙版就是选框的外部（选框的内部就是选区）。蒙版一词本身来自生活应用，也就是"蒙在上面的板子"的含义。蒙版是将不同灰度色值转化为不同的透明度，并作用到它所在的图层，使图层不同部位透明度产生相应的变化。黑色为完全透明，白色为完全不透明。

Photoshop 蒙版的优点：

（1）修改方便，不会因为使用橡皮擦或剪切、删除而造成不可挽回的结果。

（2）可运用不同滤镜，以产生一些意想不到的特效。

（3）任何一张灰度图都可用为蒙版。

Photoshop 蒙版的主要作用：

（1）抠图。

（2）做图的边缘淡化效果。

（3）图层间的融合。

2. "蒙版"面板

在"蒙版"面板中，调整边缘、色彩范围和反相功能也以按钮的形式融入，使蒙版的创建和修改更加方便。

在菜单栏选择"窗口"→"蒙版"，弹出"蒙版"面板，可以添加像素蒙版和矢量蒙版，如图 6-25 所示。

图 6-25 "蒙版"面板

6.2.2 蒙版的分类及应用

蒙版分为快速蒙版、矢量蒙版、剪贴蒙版、图层蒙版 4 类。

1. 快速蒙版

快速蒙版是 Photoshop 中的常用工具。快速蒙版模式可以将任何选区作为蒙版进行编辑，而无需使用"通道"面板。运用快速蒙版模式产生的临时通道，可进行通道编辑，在退出快速蒙版模式时，原蒙版里原图像显现的部分便成为选区。

【操作实例】利用快速蒙版抠图。

步骤一：打开目录"素材/第 6 章"下的图片"6.jpg"和"7.jpg"，切换到"6.jpg"的编辑界面，单击"快速蒙版"按钮或者按 Q 键进入快速蒙版模式。此时，"图层"面板中的背景图层以灰色显示，如图 6-26 所示。

步骤二：设置前景色为黑色，选择画笔工具，在小狗图像中间涂抹，对边缘部分可将其局部放大后进行操作，在涂抹的过程中一定要细心地用小笔刷进行涂抹，涂错的地方可以设置前景色为白色，用画笔工具进行修正，涂抹完成后如图 6-27 所示。

步骤三：按 Q 键将蒙版载入选区，按组合键 Ctrl+Shift+I 将选区进行反选，如图 6-28 所示。

图 6-26　进入快速蒙版模式

图 6-27　用画笔工具涂抹

图 6-28　选区反选操作结果

步骤四：使用移动工具，将选区移至"6.jpg"编辑界面上，并调整小狗图像的大小和位置后，得到如图 6-29 所示的效果图。

图 6-29　效果图

快速蒙版抠图总结如下：

在使用快速蒙版抠图的时候，对于大部分的中间区域可以先使用套索一类的工具，大致勾勒出来，然后单击工具栏中的"快速蒙版"按钮，然后结合画笔工具在图像边缘部分涂抹增加、减去来确定我们所要抠图的主体。

默认设置下，红色的部分就是快速蒙版。在选区以内的画面，是没有红色的，只有选区以外才有红色。快速蒙版，本质上就是选区的另一种表现形式。

凡是要的，就是完全透明，不发生任何变化。凡是不要的，就用红色的蒙版给蒙起来。

改变红色的区域大小形状或者是边缘，等于改变了选区的大小形状或边缘。所以说，蒙版就是选区，只不过形式不一样而已。

前景色设为白色，用画笔来涂抹，这样就产生了我们所需要的选区。如果觉得选区太大，要改小，就将前景色改成黑色，再来涂抹。现在画出来是红色半透明的蒙版。这就是蒙版的好处，可以随意修改，比套索工具画选区方便很多。

记住快速蒙版中没有彩色，白色是选中的，黑色是不要的。也可以用橡皮擦工具，橡皮擦工具与画笔工具是相反的，黑色的橡皮擦等于白色的画笔。

2. 矢量蒙版

（1）矢量蒙版的定义。

矢量蒙版，顾名思义就是可以任意放大或缩小的蒙版。真正理解矢量蒙版，有必要了解矢量和蒙版内涵。

矢量：简单地说，就是不会因放大或缩小操作而影响清晰度的图像。一般的位图包含的像素点在放大或缩小到一定程度时会失真，而矢量图的清晰度不受这种操作的影响。

蒙版：可以对图像实现部分遮罩的一种图片，遮罩效果可以通过具体的软件设定，就是相当于用一张掏出形状的图板蒙在被遮罩的图片上面。

（2）矢量蒙版的作用。

矢量蒙版是通过形状控制图像显示区域的，它仅能作用于当前图层。矢量蒙版中创建的形状是矢量图，可以使用钢笔工具和形状工具对图形进行编辑修改，从而改变蒙版的遮罩区域，也可以对它任意缩放而不必担心产生锯齿效果。

【操作实例】矢量蒙版应用实例。

步骤一：打开目录"素材/第 6 章"下的图片"8.jpg"，并将目录"素材/第 6 章"下的图片"9.jpg"置入到该图像上，如图 6-30 所示。

图 6-30　原图片打开和置入

步骤二：单击工具箱中的钢笔工具，并将钢笔的属性设置如图 6-31 所示。

图 6-31　钢笔工具属性设置

步骤三：使用钢笔工具沿着人像的轮廓绘制路径，如图 6-32 所示。

图 6-32　绘制路径

步骤四：绘制路径完成后，单击菜单栏"图层"→"矢量蒙版"→"当前路径"命令，最终效果如图 6-33 所示。

图 6-33　最终效果

3．剪贴蒙版

剪贴蒙版是使用处于下方的基底图层的形状，来显示上方内容图像的一种蒙版。可以应用于多个相邻的图层中。

【操作实例】剪贴蒙版的应用。

步骤一：打开目录"素材/第 6 章"下的图片"10.jpg"和"11.jpg"，如图 6-34 和图 6-35 所示。

图 6-34　原图示例

图 6-35　原图示例

步骤二：使用移动工具将要剪贴蒙版的图像拉到扇子图像中，添加矢量蒙版，再右击，选择"创建剪贴蒙版"，如图 6-36 所示。

步骤三：使用魔棒工具创建选区，再按 Ctrl+Delete 组合键删除选区（如图 6-37 所示），显示剪贴蒙版（如图 6-38 所示），完成后的效果图如图 6-39 所示。

图 6-36　创建剪贴蒙版

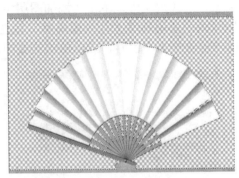

图 6-37　删除创建的选区

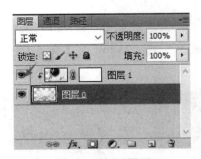

图 6-38　显示图层

图 6-39　效果图

4. 图层蒙版

图层蒙版是 Photoshop 中一项十分重要的功能，可以理解为在当前图层上面覆盖一层玻璃片，这种玻璃片有透明的、半透明的、完全不透明的。然后用各种绘图工具在蒙版上（即玻璃片上）涂色（只能涂黑白灰色），涂黑色的地方蒙版变为不透明的，看不见当前图层的图像。涂白色则使涂色部分变为透明的，可看到当前图层上的图像，涂灰色使蒙版变为半透明，透明的程度由涂色的灰度深浅决定。

【操作实例 1】简单图层蒙版的应用。

步骤一：打开目录"素材/第 6 章"下的图片"12.jpg"和"13.jpg"，如图 6-40 所示。

步骤二：使用移动工具将所需操作的图像移动到原图上，按 Ctrl+T 组合键进行缩放，如图 6-41 所示。

图 6-40　原图示例　　　　　　　　　　　　图 6-41　移动后的图像

步骤三：在图层中，单击"添加图层蒙版"，如图 6-42 所示。

步骤四：使用画笔工具或橡皮擦工具进行擦除。当前景色为黑色时，可以擦除不需要图像；而当前景色为白色时，可以擦出需要的图像。编辑后的图像如图 6-43 所示。

图 6-42　添加图层蒙版　　　　　　　　　　图 6-43　编辑后的图像

【操作实例 2】编辑图层蒙版。

步骤一：打开目录"素材/第 6 章"下的图片"14.jpg"和"15.jpg"，如图 6-44 和图 6-45 所示，原图图层如图 6-46 所示。

图 6-44　原图示例 1　　　　　　　　　　　图 6-45　原图示例 2

步骤二：在菜单栏中选择"图层"→"图层蒙版"→"显示全部"，如图 6-47 所示。

图 6-46　原图图层

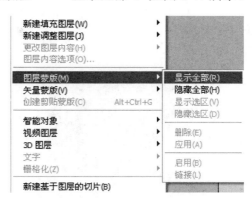

图 6-47　选择"显示全部"

步骤三：选择"渐变工具"，在图像中拉动渐变，如图 6-48 所示，完成后最终效果如图 6-49 所示。

图 6-48　添加渐变

图 6-49　效果图

6.3　综合实例

应用选区和通道的知识，将动漫人物载入到空白课本内。

步骤一：打开目录"素材/第 6 章"下的图片"16.jpg"和"17.jpg"，并选择"磁性套索工具"对图片"17.jpg"创建选区，如图 6-50 和图 6-51 所示。

图 6-50　原图示例

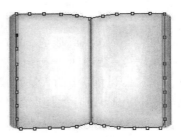

图 6-51　使用磁性套索工具创建选区

步骤二：将选区存储为通道，如图 6-52 所示。

步骤三：使用移动工具将图像移动到图像中，调整不透明度，按 Ctrl+T 组合键缩放图像，如图 6-53 所示。

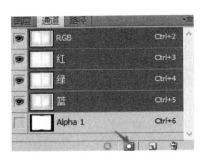

图 6-52　将选区存储为通道

图 6-53　移动调整图像

步骤四：在"通道"面板中按住 Ctrl 键单击存储为通道的选区，载入选区，如图 6-54 所示。

步骤五：按 Ctrl+Shift+I 组合键反向选区，再按 Delete 键删除选区。最后效果如图 6-55 所示。

图 6-54　载入选区

图 6-55　效果图

本章习题

1. Adobe Photoshop 提供了（　　）创建蒙版的方法。
   A．一种　　　　　　　　　　B．二种
   C．三种　　　　　　　　　　D．四种
2. 若要进入快速蒙版状态，应该（　　）。
   A．建立一个选区
   B．选择一个 Alpha 通道
   C．单击工具箱中的"快速蒙版"图标
   D．单击编辑菜单中的"快速蒙版"
3. 按（　　）键可以使图像进入"快速蒙版"状态。
   A．F　　　　　　　　　　　　B．Q
   C．T　　　　　　　　　　　　D．A

4. 以下操作中所产生的结果不改变色相的是（　　　）。

    A. 色阶调整   B. 建立调整层

    C. 建立图层蒙版   D. 曲线调整

5. 在 Photoshop 通道种类中不包括（　　　）。

    A. 彩色通道   B. Alpha 通道

    C. 专色通道   D. 路径通道

6. 下列关于蒙版的描述正确的是（　　　）。

    A. 快速蒙版的作用主要是用来进行选区的修饰

    B. 图层蒙版和图层矢量蒙版是不同类型的蒙版，它们之间是无法转换的

    C. 图层蒙版可转化为浮动的选择区域

    D. 当创建蒙版时，在"通道"面板中可看到临时的和蒙版相对应的 Alpha 通道

7. 下列（　　　）能够添加图层蒙版。

    A. 图层序列（Set）   B. 文字图层

    C. 透明图层   D. 背景图层

8. Photoshop 最多允许创建（　　　）个通道（包括基本通道和 Alpha 通道）。

    A. 12   B. 16

    C. 20   D. 24

9. 使两个 Alpha 通道载入的选区合并到一起，在执行命令的时候须按住（　　　）键。

    A. Ctrl 键   B. Alt/Option 键

    C. Shift 键   D. Return 键

任务拓展

1. 根据所提供的素材（图 6-55 和图 6-56），利用所学知识，合成如图 6-57 所示的效果。

图 6-55　原图示例　　　　　　　　　　　　图 6-56　原图示例

图 6-57　效果图

2. 根据所提供的素材（图 6-58），利用所学知识制作如图 6-59 所示的效果。

图 6-58　原图示例

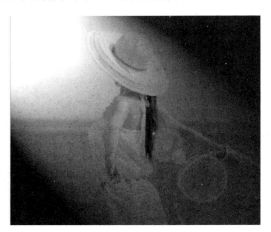

图 6-59　效果图

第 7 章　路径

知识目标：

● 　了解路径的基础知识。

● 　了解路径的功能。

● 　了解路径的特点。

能力目标：

● 　掌握路径工具的基本使用方法。

● 　学会路径的基本操作。

素质目标：

● 　培养学生发现问题、分析问题和解决问题的能力。

● 　引导学生探索性自主学习。

7.1　路径的基本概念

路径由一个或多个直线段或曲线段组成。路径的形状是由锚点控制的，锚点标记路径线段的端点。每条线段的端点叫做锚点，在画面上以小方格表示，实心的方格表示被选中的锚点。曲线上的锚点两端带有控制句柄，曲线的形状由它来调整。

利用 Photoshop 提供的路径功能，可以绘制线条或曲线，并可对绘制的线条进行填充和描边，完成一些绘画工具无法完成的工作。

路径的特点是，它是矢量的，可以随意变换大小；而且它是单独存在的，不存在于任何图层，需要在哪个图层进行，就选择那个图层使用路径就行。

7.2　路径工具的介绍

7.2.1　钢笔工具

钢笔工具属于矢量绘图工具，其优点是可以勾画平滑的曲线，在缩放或者变形之后仍能保持平滑效果。钢笔工具画出来的矢量图形称为路径，路径是矢量的。路径允许是不封闭的开放状，如果把起点与终点重合绘制就可以得到封闭的路径。

【操作实例】钢笔工具的抠图操作方法。

步骤一：打开目录"素材/第 7 章"下的图片"1.jpg"，如图 7-1 所示。

步骤二：选择工具栏上的钢笔工具，也可用快捷键 P 来快速选择，如图 7-2 所示。在窗口上方可看到钢笔工具属性栏，如图 7-3 所示。

图 7-1 钢笔工具素材

图 7-2 钢笔工具

图 7-3 钢笔工具属性栏

步骤三：用钢笔在素材中的苹果边缘单击，会看到在单击的点之间有线段相连（钢笔工具描边时要活用 Ctrl 键进行曲线的修正，以及 Alt 键快速增加节点进行快速描边。当勾边错误时可以用 Delete 键删除一个节点，按住 Shift 键让所绘制的点与上一个点保持 45 度整数倍夹角，这样可以绘制水平或者是垂直的线段），如图 7-4 所示。

步骤四：当全部描完后，右击，选择"建立选区"，弹出"建立选区"对话框，羽化描边，如图 7-5 所示。

图 7-4 钢笔工具绘制路径

图 7-5 钢笔工具创建选区

步骤五：单击"确定"按钮后，完成创建选区。如果想把图复制出来，可以按 Ctrl+C 组合键；如果想在原文件中单独留下描边的苹果，可以按 Ctrl+Shift+I 组合键进行反选，如图 7-6 所示。按 Delete 键删除选择区域的外部文件，按 Ctrl+D 组合键，取消选择区域，完成后效果如图 7-7 所示。

图 7-6 反选

图 7-7 最终效果图

7.2.2 自由钢笔工具

自由钢笔工具是以自由手绘的方式在图像中创建路径，就像套索工具一样，当在图像中创建出第一个关键点以后，就可以任意拖动鼠标以创建形状极不规则的路径。自由钢笔工具用于绘制不规则路径，其工作原理与磁性套索工具相同，它们的区别在于前者是建立选区，后者建立的是路径。

1. 自由钢笔工具的操作方法

【操作实例】自由钢笔工具的操作。

步骤一：新建一个空白文档，如图 7-8 所示。

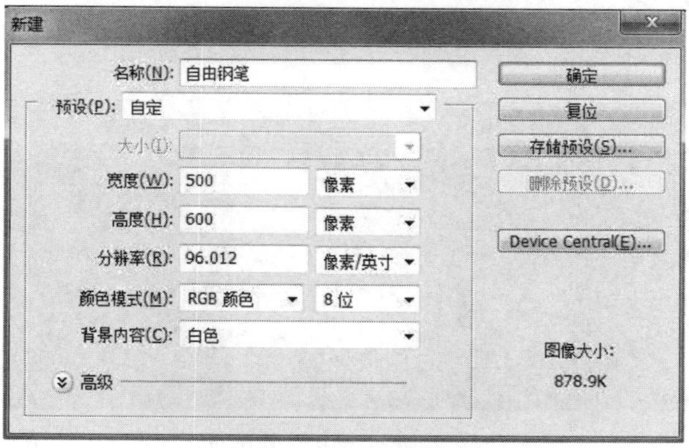

图 7-8 新建空白文档

步骤二：选择工具箱上的自由钢笔工具，也可用快捷键 P 来快速选择，如图 7-9 所示。在窗口界面上方可以看到自由钢笔工具的属性栏，如图 7-10 所示。

图 7-9 自由钢笔工具

图 7-10　自由钢笔工具属性栏

步骤三：在其属性栏勾选"磁性的"选项，按住鼠标左键，在图像窗口中使用自由钢笔工具自由绘制路径，如图 7-11 所示。

步骤四：按 Ctrl+Enter 组合键将绘制的路径转换为选区，设置前景色为蓝色，按 Alt+Delete 组合键填充选区，按 Ctrl+D 组合键取消选区，最终效果如图 7-12 所示。

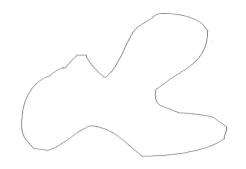

图 7-11　用自由钢笔工具绘制路径

图 7-12　填充选区

2. 启用"磁性钢笔选项"的操作方法

将自由钢笔工具属性栏"磁性的"勾选上，如图 7-13 所示。单击自由钢笔工具属性栏"磁性的"选项左侧的按钮，从弹出的选项栏中设置参数，如图 7-14 所示。

图 7-13　自由钢笔工具勾选"磁性的"选项

图 7-14　自由钢笔选项

曲线拟合：在绘制路径时，路径锚点的多少取决于数值，数值越大（10 像素为最大），锚点越少；数值越小（0.5 像素为最小），锚点越多。

宽度：可以调整路径选择范围，数值越大，选择的范围越大。按下键盘上 CapsLock 键可以显示路径的选择范围。

对比：可以用"磁性钢笔"对图像中边缘的灵敏度进行设置，使用较高的值只能探测与周围强烈对比的边缘，使用较低的值则探测低对比度的边缘。

频率：设置路径上使用的锚点数量，值越大绘制路径时产生的锚点越多。

钢笔压力：在使用绘图板输入图像时，根据光笔的压力改变"宽度"值。

【操作实例】启用"磁性钢笔选项"的操作。

步骤一：打开目录"素材/第 7 章"下的图片"2.jpg"，如图 7-15 所示。

图 7-15　自由钢笔工具素材

步骤二：在自由钢笔工具属性栏勾选"磁性的"选项，在花朵的任意边缘单击，然后直接拖动，线就会自动附着上去。当鼠标指针成钢笔边上一个○状时，松开鼠标即可闭合路径，如图 7-16 所示。接下来就和钢笔工具一样可以对闭合的路径进行操作。

图 7-16　自由钢笔工具绘制路径

7.2.3　添加锚点工具

添加锚点工具如图 7-17 所示，用于在路径上添加新的锚点。该工具可以在已建立的路径上根据需要添加新的锚点，以便更精确地设置图形的轮廓。

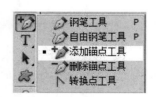

图 7-17　添加锚点工具

【操作实例】使用"添加锚点工具"在路径中添加新锚点。

步骤一：打开目录"素材/第 7 章"下的图片"1.jpg"。

步骤二：用钢笔工具创建路径，如图 7-18 所示。

步骤三：可见绘制的路径不是很精确，需要对路径进行再次的编辑修改。选择"添加锚点工具"，在路径中单击添加新锚点，并按住鼠标左键拖动，对路径进行调整，使得勾出的路径更加精确，如图 7-19 所示。

图 7-18 "钢笔工具"创建路径   图 7-19 添加锚点工具效果图

7.2.4 删除锚点工具

删除锚点工具如图 7-20 所示，用于删除路径上已经存在的锚点，使用删除锚点工具单击路径线段上已经存在的锚点，可以将其删除。

【操作实例】使用删除锚点工具删除路径上的锚点。

步骤一：新建一个空白文档，选择工具箱中的"文字工具"，输入一个 P，如图 7-21 所示。

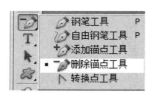

图 7-20 删除锚点工具   图 7-21 创建文字图层

步骤二：按住键盘 Ctrl 键，在"图层"面板中单击"文字图层"缩略图，载入其选区，如图 7-22 所示。

步骤三：切换到"路径"面板，将选区生成路径，如图 7-23 所示。

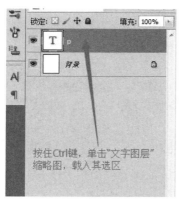

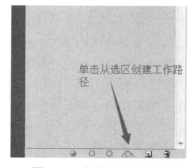

图 7-22 将文字图层载入选区   图 7-23 将选区生成路径

步骤四：切换到"图层"面板，隐藏文字图层，将选区生成为路径，如图 7-24 所示。

步骤五：选择工具箱的"删除锚点工具"，单击图像窗口中的文字路径，选中该文字路径，如图 7-25 所示。

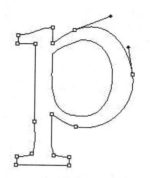

图 7-24　隐藏文字图层生成路径　　　　　图 7-25　删除锚点工具选中文字路径

步骤六：在不需要的锚点上单击，即可删除该路径上的锚点，来调节文字样式，如图 7-26 所示。

步骤七：调节完毕后，按 Ctrl+Enter 组合键将路径转换为选区，在 "图层"面板中单击"创建新图层"按钮，创建一个图层，如图 7-27 所示。

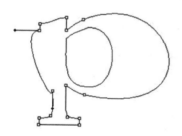

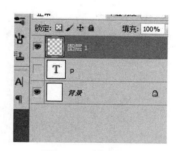

图 7-26　删除锚点工具删除路径　　　　　图 7-27　创建图层

步骤八：设置一个前景色，按 Alt+Delete 组合键用前景色填充选区，按 Ctrl+D 组合键取消选区，完成后最终效果如图 7-28 所示。

图 7-28　删除锚点工具效果图

7.2.5　转换点工具

转换点工具可以转换锚点类型，让锚点在平滑点和角点之间互相转换，也可以使路径在间曲线和直线之间相互转换。

按 Alt 键，可以将钢笔工具转换为转换点工具。

【**操作实例**】转换点工具的基本使用方式。

步骤一：在工具箱选择"转换点工具"，如图 7-29 所示。将指针移动到需要转换的锚点上，单击，如图 7-30 所示。

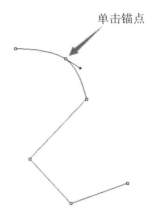

单击锚点

图 7-29　转换点工具

图 7-30　用转换点工具单击锚点

步骤二：将曲线路径锚点转换为直角锚点，将曲线路径转换为直线路径，如图 7-31 所示。

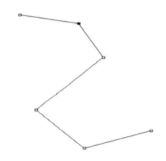

图 7-31　用转换点工具转为直线路径

步骤三：按住键盘 Ctrl 键，再按住鼠标左键可以移动图像窗口路径上的锚点位置，如图 7-32 所示，移动后效果如图 7-33 所示。

图 7-32　用转换点工具移动锚点位置

图 7-33　最终效果图

7.3　路径的基本操作

7.3.1　认识路径面板

选择"窗口"→"路径"命令，打开"路径"面板，其主要作用是对已经建立的路径进行管理和编辑处理，如图 7-34 所示。

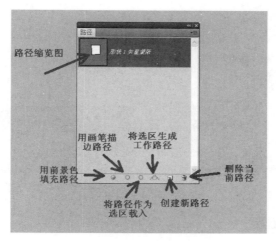

图 7-34　"路径"面板

　　针对"路径"面板的特点，主要讲解在"路径"面板中建立新的路径，将路径转换为选区，将选区转换为路径，存储路径，用画笔描边路径以及用前景色填充路径等操作技巧。

7.3.2　建立路径

　　钢笔工具是建立路径的基本工具，使用该工具可以创建线段路径和曲线路径。

　　单击工具箱中"钢笔工具"，用鼠标在图像中某一位置单击以确定路径起点。移动鼠标到另一位置，单击并拖移鼠标不放，此时出现曲线路径，如图 7-35 所示。

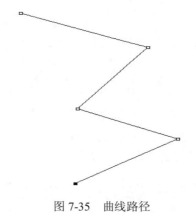

图 7-35　曲线路径

7.3.3　存储路径

　　存储路径是提高工作效率的有效方法。因为在需要使用某一路径的时候，可以直接载入存储的路径，而不需要浪费时间再次绘制该路径。

　　绘制路径后，打开"路径"面板，单击"路径"面板右上角的　　　　按钮，打开快捷菜单，选择"存储路径"命令，如图 7-36 所示。

　　打开"存储路径"对话框，设置名称，单击"确定"按钮，如图 7-37 所示。

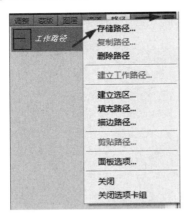

图 7-36　存储路径

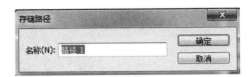

图 7-37　"存储路径"对话框

7.3.4　路径转换为选区

"路径转化为选区"命令在工作中的使用频率很高，因为在图像文件中任何局部的操作都必须在选区范围内完成，所以一旦获得了准确的路径形状后，一般情况下都要将路径转换为选区。

【操作实例】将路径转换为选区。

步骤一：单击"路径"面板上"将路径作为选区载入"按钮，可直接将路径自动转换为选区，如图 7-38 所示。

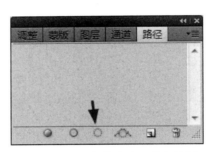

图 7-38　将路径作为选区载入按钮

步骤二：按下 Alt 键，单击"将路径作为选区载入"按钮。打开"建立选区"对话框，如图 7-39 所示。按下 Ctrl+Enter 组合键，也可以将路径转换为选区。

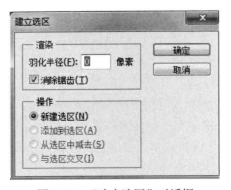

图 7-39　"建立选区"对话框

7.3.5　选区转换为路径

选区与路径之间是可以互相进行转换的。

【操作实例】将选区转换为路径。

步骤一：直接单击"路径"面板上"从选区生成工作路径"按钮，这样就可将选区转换为路径，如图 7-40 所示。

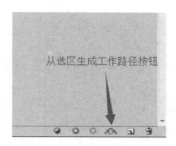

图 7-40　"从选区生成工作路径"按钮

步骤二：按下 Alt 键，单击"路径"面板上"从选区生成工作路径"按钮 ，打开"建立工作路径"对话框，单击"确定"按钮，如图 7-41 所示。

图 7-41　"建立工作路径"对话框

7.3.6　描边路径

"描边路径"命令在绘制外轮廓形状的时候起到很大的作用，同时也显示出了优越性。"描边路径"命令执行前提条件是"路径"已经存在，否则该命令将不会被选择。

【操作实例】描边路径绘制外轮廓形状。

步骤一：绘制一个路径，单击工具箱中的"自定义形状工具"，在工具属性栏上单击"形状"右侧的小三角按钮，在打开的下拉列表框中选择一个形状，如图 7-42 所示。

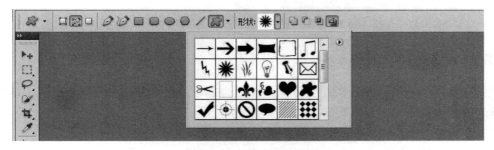

图 7-42　自定义形状

步骤二：用鼠标在文件窗口中拖动绘制出形状，如图 7-43 所示。

步骤三：设置前景色，单击工具箱中的"画笔工具"，在属性栏上设置画笔大小，按 Alt

键同时单击"路径"面板上"用画笔描边路径"按钮，如图 7-44 所示。

图 7-43　绘制自定义形状　　　　　　　　图 7-44　用画笔描边路径按钮

步骤四：打开"描边路径"对话框，在"工具"下拉列表框中选择"画笔"选项，如图 7-45 所示。完成后的最终效果如图 7-46 所示。

图 7-45　选择"画笔"　　　　　　　　图 7-46　描边路径效果图

7.3.7　填充路径

"填充路径"就是对路径块面的填充，执行该命令首先要有一个路径，然后才能对其进行填充，否则该命令将不会被选择。

【操作实例】利用"填充路径"对路径块面进行填充。

步骤一：绘制一个路径，可以用工具箱中的"自定义形状工具"，来绘制出形状，如图 7-47 所示。

步骤二：按 Alt 键同时单击"路径"面板下方的"用前景色填充路径"按钮，如图 7-48 所示。

图 7-47　绘制自定义形状

图 7-48　"用前景色填充路径"按钮

步骤三：打开"填充路径"对话框，选择"前景色"，设置完成后单击"确定"按钮，如图 7-49 所示，最终效果如图 7-50 所示。

图 7-49　"填充路径"对话框

图 7-50　填充路径效果图

7.4　综合实例

运用本章学习的知识制作一张 WiFi 分享卡片。通过本案例学习自定义形状工具、椭圆工具等绘图工具的使用，以及路径描边的方法，加深对矢量蒙版的理解。

步骤一：新建一个宽 500 像素、高 500 像素、RGB 模式的自定义纸张。打开椭圆工具，按住 Shift 键在白纸上画一个正圆，如图 7-51 和图 7-52 所示。

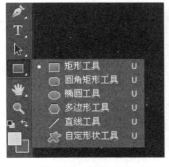

图 7-51　椭圆工具

图 7-52　画正圆

步骤二：在属性栏中设置正圆无填充，并调整适当的描边大小，选择描边颜色为蓝色，如图 7-53 和图 7-54 所示。

图 7-53　属性栏

步骤三：复制图层，按住 Ctrl+T 组合键自由变换，按住 Shift 键等比例变换。使新的正圆在原正圆里面，如图 7-55 所示。

图 7-54　设置描边　　　　　　　　　　图 7-55　复制图层

步骤四：按照同样的步骤做出如图 7-56 所示的圈圈层。

步骤五：打开直接选择工具。选中第一个圈圈的锚点，按 Delete 键删除，如图 7-57 和图 7-58 所示。

图 7-56　圈圈层　　　　　　　　　　图 7-57　直接选择工具

步骤六：同理将每一圈进行一次选择锚点、删除，最后效果如图 7-59 所示。

图 7-58　删除锚点效果图　　　　　　　　　　图 7-59　效果图

步骤七：全选所有图层，按住 Ctrl+T 组合键进行旋转，如图 7-60 所示。在属性栏将端点选为椭圆，如图 7-61 所示。

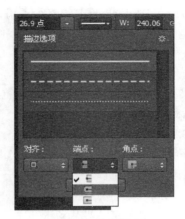

图 7-60　旋转　　　　　　　　　　　　　图 7-61　选择端点

步骤八：将每个图层的描边设置好后如图 7-62 所示，选择文字工具写上 WIFI 字样，完成 WiFi 卡片的制作，最终效果如图 7-63 所示。

WIFI:PS

密码：1234567

图 7-62　效果图　　　　　　　　　　　　图 7-63　最终效果图

本章习题

1. 下面（　　）不是图层剪贴路径所具有的特征。

A．相当于是一种具有矢量特性的蒙版

B．和图层蒙版具有完全相同的特性，都是依赖于图像分辨率的

C．可以转化为图层蒙版

D．是由钢笔工具或图形工具来创建的

2．"路径"面板的路径名称（　　）用斜体字表示。

A．当路径是"工作路径"的时候

B．当路径被存储以后

C．当路径断开，未连接的情况下

D．当路径是剪贴路径的时候

3．下列描述正确的是（　　）。

A．在 Photoshop 中的路径和 Illustrator 中的路径是不同的

B．在 Photoshop 中的路径和 Illustrator 中的路径是完全相同的，都是矢量的

C．在 Photoshop 中的路径可以转换为浮动的选择范围

D．在 Photoshop 中的路径不可以转换为浮动的选择范围

4．用钢笔工具创建一个角点时，拖动方向键时应按（　　）键。

A．Shift　　　　　　　　　　B．Alt

C．Alt+Ctrl　　　　　　　　D．Ctrl

5．当由选择区转换成路径时，将创建（　　）类型的路径。

A．工作路径　　　　　　　　B．打开的子路径

C．剪辑路径　　　　　　　　D．填充的子路径

6．下列（　　）是不能通过直接选取工具进行选择的。

A．锚点　　　　　　　　　　B．方向点

C．方向线　　　　　　　　　D．路径片段

7．钢笔工具的最主要用途是（　　）。

A．画矢量图　　　B．处理像素　　　C．创建选区

任务拓展

根据本章学习的路径知识，制作火箭图形，如图 7-64 所示。（提示：做出你想要的效果，鼠标在空白位置双击，取消节点。接着，打开"路径"面板，将路径作为选区载入。）

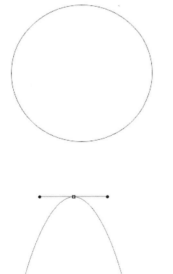
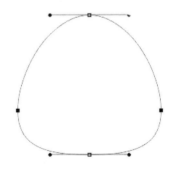
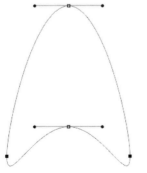

图 7-64　制作火箭图形

第 8 章 文本的输入与编辑

知识目标：

● 认识不同类型的文字对象。

● 了解文字工具。

● 认识文字的基本属性。

能力目标：

● 掌握图层样式及弯曲文字、为文字添加形状效果的操作方法。

● 学会编辑文字的基本属性。

素质目标：

● 培养学生良好的版面设计审美观。

● 培养学生刻苦钻研、精益求精的精神。

8.1　输入文字

8.1.1　文字工具

在 Photoshop 工具箱中提供了文字工具 **T**，当单击文字工具后，将在菜单栏下方出现如图 8-1 所示的文字工具属性栏。通过该栏，我们轻松地设定文字的各种属性，包括切换文本方向、字体类型、字体样式、字体大小、文本对齐方式、文本样式等。

通过文字工具，无论是选择水平方向的文字，还是垂直方向的文字，都能创建两种形式的文字，即点文字和段落文字。

图 8-1　文字工具属性栏

Photoshop 有横排文字工具、直排文字工具、横排文字蒙版工具、直排文字蒙版工具 4 种文字输入工具，如图 8-2 所示。

（1）"横排文字"工具：在图像中输入标准的、从左到右排列的文字。

（2）"直排文字"工具：在图像中输入从右到左的竖直排列的文字。

（3）"横排文字蒙版"工具：在图像中建立横排文字选区。

（4）"直排文字蒙版"工具：在图像中建立直排文字选区。

图 8-2　文字工具

8.1.2　输入点文字

输入点文字是指输入单独的文本行（如标题文本），行的长度随着编辑增加或缩短，但不换行。

【操作实例】在图像上输入文本，文字的内容为："小荷才露尖尖角，早有蜻蜓立上头。"

步骤一：打开目录"素材/第 8 章"下的图片"1.jpg"，并使用 Ctrl+J 组合键复制图层。

步骤二：在"工具箱"中选择"横排文字"或"直排文字"工具，此时鼠标指针形状呈"I"型，在属性栏中设置好文字的字体、字型、大小以及颜色等，如图 8-3 所示。

图 8-3　设置文本属性

步骤三：在图像窗口中选择好文字的插入点，单击（注意，是单击，而不是拖动），然后开始输入文字。如果要输入中文，可调出中文输入法进行中文的输入，输入的文字如图 8-4 所示。

图 8-4　输入横排文字

步骤四：在点文字的输入过程中，文字不会自动换行，必须通过按 Enter 键进行手动换行；如果要改变文本在图像窗口中的位置，用移动工具或按住 Ctrl 键的同时拖动文本即可。

步骤五：文字输入完毕，可单击文字工具选项栏上的按钮 ✔；如要放弃已经输入的文本，可单击按钮 ⊘。

步骤六：文字输入完毕后，在"图层"面板中会自动创建一个文字图层，该图层以符号"T"显示，表示这是一个文字层，其内容为刚才输入的文字，如图 8-5 所示，本实例的最终效果如图 8-6 所示。

图 8-5　文字图层

图 8-6　效果图

8.1.3　输入段落文字

输入段落文字与输入点文字的不同之处在于，输入段落文字要先用文字工具拖出一个矩形文本框，然后再往文本框里输入文字，当文字的字数超出文本框的长度时，文字会自动换行，而输入点文字则不会自动换行。

【操作实例】在图像上输入文本，文字的内容如下：

清明

清明时节雨纷纷，

路上行人欲断魂。

借问酒家何处有，

牧童遥指杏花村。

步骤一：打开目录"素材/第 8 章"下的图片"2.jpg"，并使用 Ctrl+J 组合键复制图层。

步骤二：选择"横排文字工具"，将鼠标指针移动到图像窗口中，按住鼠标左键，在图像窗口中拖出一个大小适当的文本框，如图 8-7 所示。

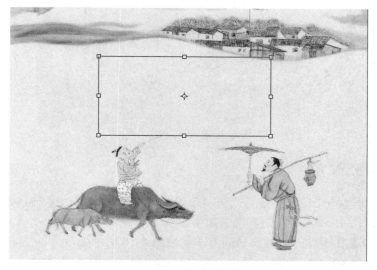

图 8-7　拖出文本框

步骤三：在文本框里输入文字并选中文字后，在文本工具属性栏设置相关属性，如图 8-8 所示。

图 8-8 输入文字并设置文本属性

步骤四：文本属性设置完成后，单击"完成"按钮✓，此时可得到的效果如图 8-9 所示。

图 8-9 段落文字效果图

8.1.4 输入路径文字

在设计的过程中，有时候会需要把文字按照设计好的路径进行排列，这时就需要输入路径文字了，路径文字可以使字体的表现更加丰富多彩。

【操作实例 1】使用输入路径文字的方法实现图 8-10 所示的效果。

步骤一：使用 Ctrl+N 组合键创建一个空白文档，参数如图 8-11 所示。

步骤二：使用工具箱中的钢笔工具 ✐ 创建路径，如图 8-12 所示。

态度决定一切　细节决定成败

图 8-10　路径文字效果

图 8-11　新建空白文档

图 8-12　创建路径

步骤三：单击工具箱中的文字工具后，把指针移动到步骤二所创建的路径上，当指针发生变化（即指针上出现所绘制路径的缩略图时）时，单击就会进入编辑路径文字状态，如图8-13 所示。

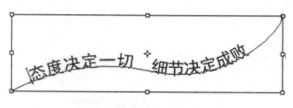

图 8-13　编辑路径文字

步骤四：文字编辑完成，设置相关文本属性后，单击"完成"的按钮，此时可得到的效果如图 8-10 所示。

【操作实例 2】使用输入路径文字的方法完善印章，效果如图 8-14 所示。

步骤一：打开目录"素材/第 8 章"下的图片"3.jpg"，如图 8-15 所示，并使用 Ctrl+J 组合键复制图层。

图 8-14　印章最终效果图

图 8-15　印章素材

步骤二：单击工具箱中的"椭圆工具"，如图 8-16 所示，并设置相关参数，如图 8-17 所示。

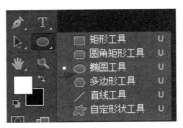

图 8-16　椭圆工具

图 8-17　设置椭圆工具的相关参数

步骤三：在图像上绘制出椭圆，并移动到适当位置如图 8-18 所示。

步骤四：单击工具箱中的文字工具后，把指针移动到步骤三所创建的椭圆上，当指针发生变化（即指针上出现所绘制路径的缩略图时）时，单击就会进入编辑路径文字状态，此时输入印章名称如图 8-19 所示。

图 8-18　绘制椭圆形状

图 8-19　编辑路径文字

步骤五：选中"图层"面板中的文字图层，并按 Ctrl+T 组合键，旋转字体至适当位置即可，最终得到的效果图如图 8-14 所示。

8.1.5　创建选区文字

选区文字是以文字选区的形式进行显示，再通过颜色、图案的填充而创建的文字，创建选区主要通过横排文字蒙版和直排文字蒙版工具来实现。

【操作实例】创建选区文字效果。

步骤一：打开目录"素材/第 8 章"下的图片"4.jpg"，如图 8-20 所示。

图 8-20　创建选区文字素材

步骤二：选择"直排文字蒙版工具"，输入文字"忆牡丹"，如图 8-21 所示，然后按 Ctrl+Enter 组合键实现文字选区，如图 8-22 所示。

图 8-21　输入文本

图 8-22　创建文字选区

步骤三：可以往选区里填充颜色，达到如图 8-23 所示的效果；也可往选区填充渐变颜色效果，如图 8-24 所示。

图 8-23　文字选区填充颜色效果

图 8-24　文字选区填充渐变颜色效果

8.2　编辑文字

　　编辑文字是在设计或制作过程中常用的操作，可以通过"窗口"→"字符"命令，打开"字符"面板。在图像窗口中使用文字工具输入文字后，可以利用"字符"面板来改变或重新选择输入文字的字体、大小、字距等属性。

　　文字输入完成后或在文字编辑过程中都可以改变文字的属性。文字的属性根据用途的不同分为两部分：字符属性（图 8-25）和段落属性（图 8-26）。

　　1．字符属性

　　字体：字体代表一整套字符的风格或外观。字体的选择对出版物的外观有着重要影响。要改变字体首先要选中文字，再从"字符"面板中选择各种字体。

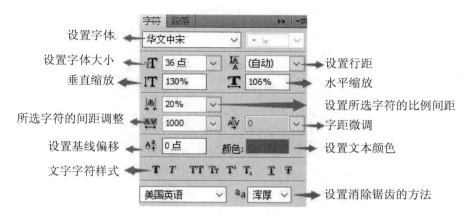

设置字体

设置字体大小

垂直缩放

所选字符的间距调整

设置基线偏移

文字字符样式

设置行距

水平缩放

设置所选字符的比例间距

字距微调

设置文本颜色

设置消除锯齿的方法

图 8-25　字符属性面板

图 8-26　"段落"面板

字体大小：字体大小通常以点来度量，若要设定字体大小，可先将要改变字体大小的文字选中，再选择大小命令，在弹出菜单中选择所需要的字级，也可直接在栏内输入数值。

字型：字型给文字增加一种视觉上的强调，主要包括字体的粗细度和斜度。

行距：行距指两行文字之间基线距离，调整行距需要选中文字段落，然后在栏内输入数值，或在弹出菜单直接选择行距数值。

间距：指文字之间的距离。调整间距需要选中文字，然后在栏内输入数值，若输入的为正数会使字距加大，若输入为负值则会缩小字距。

垂直与水平缩放：改变文字的外观。当降低水平缩放比例，会把文字从一侧挤向另一侧；当放大水平比例，文字将被拉宽。当垂直缩放字体时，文字将被拉长，当使用大于 100%的百分比垂直缩放它时，垂直笔划将显得更细。

字距微调：字距微调可以调整两个字符间的间距，其微调值以千分比来计算。使用文字工具在两个字符间单击，鼠标会变成插入点，然后在字距微调栏中输入数值。若输入值为正，则两个字符的间距会变大；如输入值为负，则两个字符之间的间距会缩小。

文字基线：调整文字基线可以使选择的文字随设定的数值上下移动。

2. 段落属性

在 Photoshop 中，段落被定义为一个或多个字符后跟一个硬回车。"段落"面板是指定用于整个段落的选项。Photoshop 中段落不会自动换行，除非使用一个定界框调整这个段落的大小。选择菜单"窗口"→"段落"命令，就可以打开"段落"面板，以进行文字段落的各项设定。段落属性可以设定段落的对齐、段前以及段后等。

对齐和调整 Photoshop 的段落对齐方式：有文字左对齐、居中对齐、右对齐、左右对齐、末行对齐、末行居中、末行右齐。

左缩进：从段落的左边缩进。对于直排文字，此选项控制从段落顶端的缩进。

右缩进：从段落的右边缩进。对于直排文字，此选项控制从段落底部的缩进。

首行缩进：缩进段落中的首行文字。对于横排文字，首行缩进与左缩进有关；对于直排文字，首行缩进与顶端缩进有关。要创建首行悬挂缩进，只要输入一个负值。

段前/段后空格：可以控制段落上下的间距。选择要修改的段落，在"段落"面板中，为"段落前添加空格"和"段落后添加空格"输入值。

8.2.1　编辑文字基本属性

【操作实例】编辑文字基本属性。

步骤一：打开目录"素材/第 8 章"下的图片"5.jpg"，单击工具箱的文字工具，并设置文字的基本属性如图 8-27 所示。

图 8-27　设置文字基本属性

步骤二：使用"横排文本工具"输入字体后如图 8-28 所示。

图 8-28　在图像上输入文字

8.2.2　设置文字变形

【操作实例】设置文字变形效果。

步骤一：打开目录"素材/第 8 章"下的图片"6.jpg"，使用文字工具在图像上输入文字，如图 8-29 所示。

步骤二：选中输入的文字，在菜单栏中选择"窗口"→"字符"，在"字符"面板设置字体属性，如图 8-30 所示。

图 8-29　输入文字

步骤三：选中输入的文字，在选项栏中选择"创建文字变形"属性，此时会弹出"变形文字"参数面板，如图 8-31 所示。

图 8-30　设置字体属性

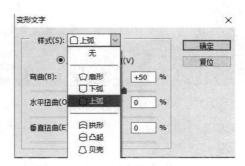

图 8-31　设置变形文字参数

步骤四："变形文字"参数设置完成后，单击"确定"按钮，此时就会发现文字变形了，效果如图 8-32 所示。

图 8-32　文字变形后效果

8.2.3　将文字转换为路径

在 Photoshop 中，可以直接将文字转换为路径，从而可以直接通过此路径进行描边、填充等操作，制作出特殊的文字效果。

【操作实例】将文字转换成路径应用。

步骤一：打开目录"素材/第 8 章"下的图片"7.jpg"，并在图像上输入文字，如图 8-33 所示。

步骤二：在"图层"面板中选择"尽享绿色"文字图层，右击，弹出快捷菜单，选择"创建工作路径"选项，将文字转换为路径。

步骤三：展开"路径"面板，即可生成一个"工作路径"，将鼠标指针移至"将路径作为选区载入按钮上，如图 8-34 所示。

图 8-33　输入文字　　　　　　　　图 8-34　将路径作为选区载入

步骤四：新建图层，单击"编辑"→"描边"命令，弹出"描边"对话框并设置相关参数，如图 8-35 所示。

步骤五：单击"确定"按钮，为选区添加描边，按 Ctrl+D 组合键取消选区，最终效果如图 8-36 所示。

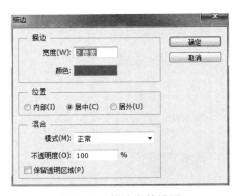

图 8-35　描边参数设置　　　　　　　图 8-36　添加描边效果

8.2.4　栅格化文字图层

【操作实例】栅格化文字图层应用。

步骤一：打开目录"素材/第 8 章"下的图片"8.jpg"，并在图像上输入文字，如图 8-37 所示。

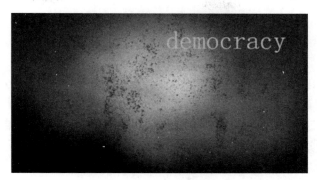

图 8-37　输入文字

　　步骤二：如果想要添加滤镜，必须先"栅格化文字"才可以添加滤镜，在图层中右击，选择"栅格化文字"命令。

　　步骤三：在菜单栏中单击"滤镜"→"素描"→"网状"命令，如图 8-38 所示，将会弹出"网状"滤镜设置界面，如图 8-39 所示。

图 8-38　选择滤镜　　　　　　　　　　　图 8-39　"网状"滤镜设置界面

　　步骤四：在图层的图层样式中添加外发光，达到如图 8-40 所示的效果。

图 8-40　最终效果

8.3 综合实例

把英文 MILK 做出合适又美观的效果。

步骤一：选择"横排文字工具"，设置字体颜色为白色，输入文字后，如图 8-41 所示，在图层双击鼠标左键，打开"图层样式"对话框，将"投影""斜面与浮雕"和"描边"勾上，进行调整，如图 8-42 所示。

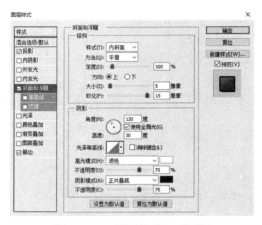

图 8-41　"图层样式"对话框　　　　　　　　图 8-42　调整后的文字

步骤二：选择"画笔工具" ，调整画笔大小，选择画笔形状，如图 8-43 所示。

步骤三：新建图层，如图 8-44 所示，使用画笔工具在文字上涂画，涂画后在对应图层中按住 Ctrl 键，在图层图标上单击，显示文字的选区，如图 8-45 所示。

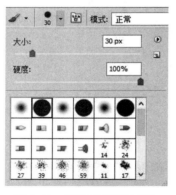

图 8-43　调整"画笔工具"　　　　　　　　图 8-44　新建图层

步骤四：按 Ctrl+Shift+I 组合键反向选区，再按 Delete 键清除，达到如图 8-46 所示的效果。

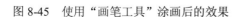

图 8-45　使用"画笔工具"涂画后的效果　　　　　　图 8-46　最终效果

本章习题

1.（多选题）文本层不能使用的功能有（　　）。
　　A."图层"菜单中的各种样式　　　　B. 常用滤镜
　　C. 为文本层添加一个色彩调整层　　D."图层"菜单中的"调整"工具
2.（多选题）文本图层可以使用的功能有（　　）。
　　A."图层"菜单中的各种样式
　　B. 改变文本层的文本方向
　　C. 添加文本图层蒙版
　　D. 改变文本图层与其他图层的叠加顺序
3. 将段落文字转换为点文字时，所有溢出定界框的字符都被_____。
4. 旋转文字框的同时按住 Shift 键，文字框会以_____度的增量角度旋转。
5. 在缩放文字框时，按_____键并拖移可使文字随文字框的缩放自动改变文字的字号。
6. 将文字转换为路径，使用的菜单命令为_____。

任务拓展

运用 Photoshop 中的文字工具设计出如图 8-47 所示的字体。

图 8-47　效果图

第 9 章　滤镜

知识目标：
- 理解滤镜定义及分类。
- 熟悉各种滤镜的用途。

能力目标：
- 掌握滤镜的基本操作。
- 能够综合使用滤镜及相关知识实现图像效果的需求。

素质目标：
- 提高学生的艺术素养。
- 强化学生"细节决定成败"的工作态度。

9.1　初始滤镜

滤镜主要是用来实现图像的各种特殊效果，它在 Photoshop 中具有非常神奇的作用，所有的 Photoshop 都按分类放置在菜单中，使用时只需要从该菜单中执行这命令即可。滤镜的操作是非常简单的，但是真正用起来却很难恰到好处。滤镜通常需要同通道、图层等联合使用，才能取得最佳艺术效果。如果想在最适当的时候应用滤镜到最适当的位置，除了平常的美术功底之外，还需要用户的滤镜的熟悉和操控能力，甚至需要具有很丰富的想象力，这样，才能有的放矢的应用滤镜，发挥出艺术才华。

9.1.1　滤镜的分类

Photoshop 滤镜基本可以分为三个部分：内阙滤镜、内置滤镜、外挂滤镜。

（1）内阙滤镜指内阙于 Photoshop 程序内部的滤镜，共有 6 组 24 个滤镜。

（2）内置滤镜指 Photoshop 默认安装时，Photoshop 安装程序自动安装到 pluging 目录下的滤镜，共 12 组 72 支滤镜。

（3）外挂滤镜就是除上面两种滤镜以外，由第三方厂商为 Photoshop 所生产的滤镜，它们不仅种类齐全、品种繁多而且功能强大，同时版本与种类也在不断升级与更新。

9.1.2　滤镜的使用方法和技巧

（1）滤镜只能应用于当前的可视图层，有选区时则对选区应用。

（2）可以反复、连续地使用，一次只能应用在一个图层上。

（3）位图、索引颜色模式不能使用滤镜。

（4）滤镜效果以像素为单位，不同的分辨率，效果不同。

（5）按 Esc 键可取消正在使用的滤镜。

（6）按 Ctrl+F 组合键可以重复地使用上次的滤镜。

（7）按 Ctrl+Alt+F 组合键可以重复地使用上次的滤镜，并且可以设置参数。

9.2　智能滤镜的应用

应用于智能对象的任何滤镜都是智能滤镜，智能滤镜是非破坏性的，可以调整、移去或隐藏智能滤镜，应用智能滤镜时需要将图层转化为智能对象。

【操作实例】智能滤镜的使用方法。

步骤一：打开目录"素材/第 9 章"下的图片"1.jpg"，选择"图层 0"后单击菜单栏的"滤镜"，然后选择"转换为智能滤镜"，此时，会看到图层 0 已被转换成智能对象，如图 9-1 所示。

步骤二：现在就可以使用智能滤镜了，单击菜单栏的"滤镜"，选择想要的滤镜效果，这里选择"风格化"中的"风"效果，如图 9-2 所示，此时会弹出标题为"风"滤镜参数设置窗口，如图 9-3 所示。

图 9-1　转换为智能滤镜

图 9-2　选择智能滤镜效果

图 9-3　"风格化-风"滤镜参数设置

步骤三：参数设置好后单击"确定"按钮便能看到智能滤镜的效果，如图 9-4 所示，同时，在"图层"面板中"图层 0"的下面会出现该图层滤镜应用情况，在该处可以随时开启和关闭滤镜效果，如图 9-5 所示。

图 9-4　智能滤镜最终效果图　　　　图 9-5　智能滤镜最终效果图

9.3　特殊滤镜的使用

9.3.1　滤镜库

"滤镜库"是整合了多个常用滤镜组的设置对话框，利用"滤镜库"可以累积应用多个滤镜或多次应用单个滤镜，还可以重新排列滤镜或更改已应用的滤镜设置。

【操作实例】"滤镜库"的快捷应用。

步骤一：使用 Photoshop 打开目录"素材/第 9 章"下的图片"1.jpg"。

步骤二：单击菜单栏的"滤镜"，然后选择"滤镜库"，此时，在图像的右则可以看到如图 9-6 所示的滤镜分类面板，主要有风格化、画笔描边、扭曲、素描、纹理、艺术效果等 6 类滤镜。

图 9-6　滤镜库滤镜分类面板

步骤三：选择"纹理"滤镜分类下的"马赛克拼贴"，此时，会看到图片的效果如图 9-7 所示。

图 9-7　使用马赛克拼贴滤镜效果图

注意：在使用滤镜时可以将一个或多个滤镜应用于图像，或者对于同一图像多次应用于同一滤镜，还可以使用对话框中的其他滤镜代替原有滤镜。

9.3.2 "液化"滤镜

"液化"滤镜可以修饰图像，创建艺术效果，能灵活于推、拉、旋转、反射、折叠和膨胀图像的任意区域。

"液化"滤镜工具介绍如下。

向前变形工具：在拖动时向前推像素。

重建工具：在按住鼠标按钮并拖动时可反转已添加的扭曲。

顺时针旋转扭曲工具：在按住鼠标按钮或拖动时可顺时针旋转像素。

褶皱工具：在按住鼠标按钮或拖动时使像素朝着画笔区域的中心移动。

膨胀工具：在按住鼠标按钮或拖动时使像素朝着离开画笔区域中心的方向移动。

左推工具：当垂直向上拖动该工具时，像素向左移动（如果向下拖动，像素会向右移动），一般用来给人物瘦脸，非常管用。

镜像工具：将像素复制到画笔区域。拖动以反射与描边方向垂直的区域（描边以左的区域）。

湍流工具：平滑地混杂像素。它可用于创建火焰、云彩、波浪等相似的效果。

【操作实例】"液化"滤镜的使用方法。

步骤一：打开目录"素材/第9章"下的图片"2.jpg"，选择菜单"滤镜"→"液化"命令，如图9-8所示。

步骤二：单击"液化"滤镜后，打开"液化"滤镜的工具栏，在这里可以使用各种"液化"滤镜的工具及进行参数设置，如图9-9所示。

图9-8 选择"液化"滤镜

图9-9 "液化"滤镜菜单

步骤三：通过"膨胀工具"扩大狮子的眼睛及鼻子，设置参数后，分别在狮子的眼睛及鼻子处单击，此时可看到狮子的眼睛及鼻子都被放大了，在使用"液化"滤镜的前后对比如图9-10所示。

图 9-10　使用"液化"滤镜前后对比图

9.3.3　"消失点"滤镜

"消失点"滤镜可用于构建一种平面的空间模型，让平面变换更加精确，主要应用于消除多余图像、空间平面变换、复杂几何贴图等场合，可以在图像中指定平面，然后应用诸如绘画、仿制、复制或粘贴以及变换等编辑操作。所有编辑操作都将采用所处理平面的透视。

【操作实例】利用"消失点"滤镜实现往立方体平面贴花纹效果。

步骤一：打开目录"素材/第 9 章"下的图片"3.jpg"，如图 9-11 所示。

步骤二：打开目录"素材/第 9 章"下的图片"4.jpg"，在花纹图片上按 Ctrl+A 组合键选择全部，再按下 Ctrl+C 组合键复制图片，如图 9-12 所示。

图 9-11　"消失点"滤镜贴花纹素材　　　　　图 9-12　"消失点"滤镜花纹素材

步骤三：切换到需贴花纹的立方体素材图片，在菜单栏上选择"滤镜"中的"消失点滤镜"，此时，将出现"消失点"滤镜设置界面，如图 9-13 所示。

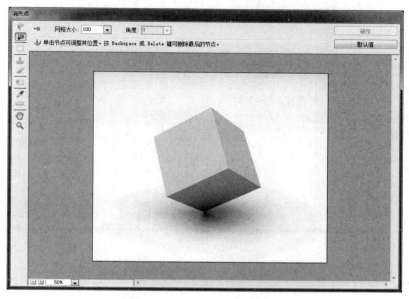

图 9-13　"消失点"滤镜设置界面

步骤四：使用"消失点"滤镜设置面板上的"创建平面工具"在要贴花纹的面上绘制网格，如图 9-14 所示，网格绘制完成后，按下 Ctrl+V 组合键粘贴花纹并使用"变换工具"将花纹调整到合适的大小，如图 9-15 所示，接着将花纹移动到网格位置，此时，图片它会自动沿着平面框移动，调整完成后单击"确定"按钮完成"消失点"滤镜的应用操作，最终效果图如图 9-16 所示。

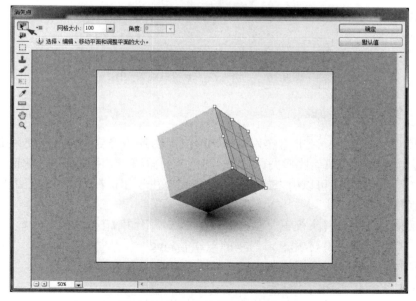

图 9-14　在立方体的面上绘制网格

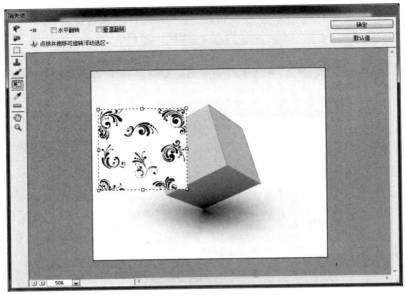

图 9-15　粘贴花纹

图 9-16　"消失点"滤镜最终效果图

9.3.4　"镜头校正"滤镜

"镜头校正"滤镜是一款非常实用的变形或失真图片的修复滤镜。在使用数码相机拍摄照片时经常会出现桶形失真、枕形失真、晕影和色差的问题，使用镜头校正滤镜可以快速地去除这些常见的镜头瑕疵，还可以用来旋转图像或者修复由于相机在垂直或水平方向的倾斜而导致的图像透视错误问题。

【操作实例】使用"镜头校正"滤镜实现往立方体平面贴花纹效果。

步骤一：打开目录"素材/第 9 章"下的图片"5.jpg"，如图 9-17 所示。

步骤二：使用 Ctrl+J 组合键复制一层，如图 9-18 所示。

步骤三：在菜单栏上单击"滤镜"→"镜头校正"命令，如图 9-19 所示。

步骤四：在进入"镜头校正"滤镜面板后，使用"拉直工具"沿塔中心纵向拉出一条直线，如图 9-20 所示，此时会发现，塔不再是倾斜的了，照片的效果就达到镜头校正的效果，当然，可以进行多次调整，以达最佳效果。

图 9-17　建筑物图片

图 9-18　复制图层

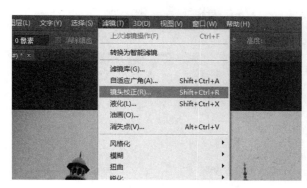

图 9-19　选择"镜头校正"命令

图 9-20　使用拉直工具

最后查看使用"镜头校正"滤镜处理后的效果图，如图 9-21 所示。

图 9-21   使用"滤镜校正"滤镜处理后的最终效果图

9.4   常用滤镜效果的应用

9.4.1   "风格化"滤镜组

"风格化"滤镜最终营造出的是一种印象派的图像效果。风格化滤镜有查找边缘、等高线、风、浮雕效果、扩散、拼贴、曝光过度、凸出和照亮边缘等效果，下面通过一个实例来了解"风格化"滤镜组的使用方法。

【操作实例】使用"风格化"滤镜组实现图像的各种效果。

步骤一：打开目录"素材/第 9 章"下的图片"6.jpg"，并使用 Ctrl+J 组合键复制图层，如图 9-22 所示。

步骤二：单击菜单栏的"滤镜"→"风格化"命令，如图 9-23 所示。

图 9-22   打开素材并复制图层

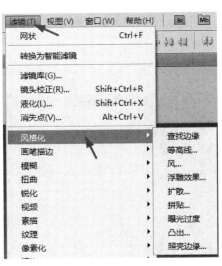

图 9-23   "风格化"滤镜组

步骤三：选择"风格化"滤镜组下的"拼贴"滤镜，此时会弹出"拼贴"对话框，设置参数，如图 9-24 所示。

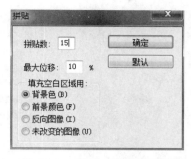

图 9-24　设置"拼贴"参数

步骤四：设置好"拼贴"参数后，单击"确定"按钮即可看到图片拼贴的效果，如图 9-25 所示。

图 9-25　使用"拼贴"滤镜后的效果图

对于"风格化"滤镜组的其他滤镜的应用，读者可以按以上的操作方法进行实践。

9.4.2　"画笔描边"滤镜组

"画笔描边"滤镜组主要模拟使用不同的画笔和油墨进行描边创造出的绘画效果，在使用该滤镜组的时候须注意，该类滤镜不能应用在 CMYK 和 Lab 模式。"画笔描边"滤镜组中包含成角线条、墨水轮廓、喷溅、喷色描边、强化的边缘、深色线条、烟灰描边、阴影线等 8 种滤镜效果，下面通过一个实例来了解"画笔描边"滤镜组的使用方法。

【操作实例】使用"画笔描边"滤镜组实现图像效果。

步骤一：打开目录"素材/第 9 章"下的图片"7.jpg"，如图 9-26 所示，并使用组合键 Ctrl+J 复制图层。

步骤二：单击菜单栏的"滤镜"→"滤镜库"命令，打开"滤镜库"面板，如图 9-27 所示，以下通过"成角的线条"和"墨水轮廓"两个滤镜实现不同效果。

选择一："成角的线条"滤镜。

直接单击"成角的线条"滤镜，并在右则的参数面板设置参数，如图 9-28 所示，此时会看到图像的效果如图 9-29 所示。

图 9-26　打开素材

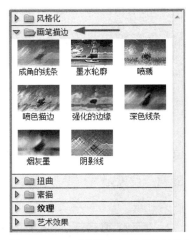

图 9-27　"画笔描边"滤镜组面板

图 9-28　设置"成角的线条"滤镜参数

图 9-29　使用"成角的线条"滤镜最终效果图

下面是"成角的线条"滤镜参数说明。

方向平衡：设置生成线条的倾斜角度。取值范围为 0～100；当值为 0 时，线条从左上方向右下方倾斜；当值为 100 时，线条方向从右上方向左下方倾斜；当值为 50 时，两个方向的线条数量相等。

线条长度：设置生成线条的长度。值越大，线条的长度越长。取值范围为 3～50。

锐化程度：设置生成线条的清晰程度。值越大，笔画越明显。取值范围为 0～10。设置好参数后，单击"确定"按钮，最后效果如图 9-29 所示。

选择二："墨水轮廓"滤镜。

该滤镜是根据图像的颜色边界，用黑色描绘其轮廓。

直接单击 "墨水轮廓"滤镜，并在右侧的参数面板设置参数，如图 9-30 所示，此时预览到图像的效果如图 9-31 所示。

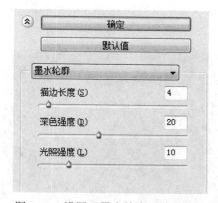

图 9-30　设置"墨水轮廓"滤镜参数

图 9-31　使用"墨水轮廓"滤镜最终效果图

下面对"墨水轮廓"滤镜参数进行说明。

描边长度：设置图像中边缘斜线的长度，取值范围为 1～50。

深色强度：设置图像中暗区部分的强度，数值越小，斜线越不明显；数值越大，绘制的斜线颜色越黑，取值范围为 0～50。

光照强度：设置图像中明亮部分的强度，数值越小，斜线越不明显；数值越大，浅色区域亮度值越高，取值范围为 0~50。

9.4.3 "模糊"滤镜组

"模糊"滤镜组可以对选择区域或图层的图像使用模糊滤镜组中的滤镜，通过对图像中线条和阴影区域相邻的像素进行平均分，而产生平滑过渡的效果，下面通过一个实例来了解"模糊"滤镜组的使用方法。

1. "表面模糊"滤镜

"表面模糊"在保留边缘的同时模糊图像。此滤镜可以用于创建特殊效果并消除图像杂色或粒度。

【操作实例】使用"模糊"滤镜组下的"表面模糊"实现"磨皮"变美女的效果。

步骤一：打开目录"素材/第 9 章"下的图片"8.jpg"，如图 9-32 所示，并使用快捷键 Ctrl+J 复制图层。

图 9-32　打开"模糊"滤镜组素材

步骤二：单击菜单栏的"滤镜"→"模糊"→"表面模糊"命令，此时会有一个表面模糊滤镜的参数设置，如图 9-33 所示。

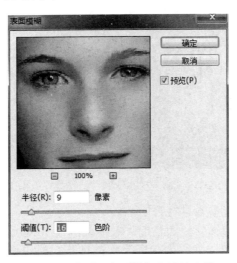

图 9-33　设置"表面模糊"滤镜参数

步骤三：设置好参数后，单击"确定"按钮，得到最终效果如图 9-34 所示。

图 9-34　使用"表面模糊"滤镜后的最终效果图

2. "动感模糊"滤镜

"动感模糊"滤镜是以某种方向或强度来模糊图像，使被模糊的部分产生高速运动的效果。

3. "高斯模糊"滤镜

"高斯模糊"滤镜可以模糊图像中画面，使画面的过渡变得不明显。该工具是简单消除图像的相片颗粒和杂色的常用方法。通过调整"半径"值可以设置模糊的范围，它以像素为单位，数值越高，模糊效果越强烈。

4. "径向模糊"滤镜

"径向模糊"滤镜用于模拟前后移动相机或旋转相机产生的柔和模糊效果。

5. "镜头模糊"滤镜

"镜头模糊"滤镜为图像添加一种带有较窄景深的模糊效果，即图像某些区域模糊，其他区域仍清晰。

9.4.4　"扭曲"滤镜组

"扭曲"滤镜组主要用于对图像进行几何变形、创建三维或其他变形效果。该滤镜组中包括"波浪""挤压"和"扩散亮光"等滤镜。

1. "波浪"扭曲滤镜

"波浪"扭曲滤镜可以根据用户设置的不同波长和波幅产生不同的波纹效果；在图像上创建波状起伏的图案，生成波浪效果。

【操作实例】使用"波浪"扭曲滤镜制波浪效果。

步骤一：打开目录"素材/第 9 章"下的图片"9.jpg"，如图 9-35 所示，并使用组合键 Ctrl+J 复制图层。

步骤二：单击菜单栏"滤镜"→"扭曲"→"波浪"命令，此时会出现"波浪"对话框，如图 9-36 所示。

步骤三：在"波浪"对话框中设置好参数后，单击"确定"按钮得到最终效果如图 9-37 所示。

图 9-35　打开"模糊"滤镜组素材

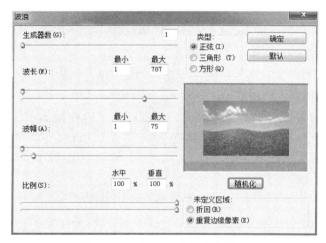

图 9-36　"波浪"滤镜参数设置

图 9-37　使用"波浪"扭曲滤镜后的效果图

"波浪"扭曲滤镜参数说明如下。

生成器数：设置波纹生成的数量。可以直接输入数字或拖动滑块来修改参数，值越大，波纹的数量越多。取值范围为 1～999。

波长：设置相邻两个波峰之间的距离。可以分别设置最小波长和最大波长，而且最小波长不可以超过最大波长。

波幅：设置波浪的高度。可以分别设置最大波幅和最小波幅，同样最小的波幅不能超过最大的波幅。

比例：设置波纹在水平和垂直方向上的缩放比例。

类型：设置生成波纹的类型，包括正弦、三角形和方形三个选项。

随机化：单击此按钮可以在不改变参数的情况下，改变波浪的效果。多次单击可以生成更多的波浪效果。

2．"波纹"扭曲滤镜

"波纹"扭曲滤镜能够产生锯齿状的波纹，用于生成池塘波纹和旋转效果。"波纹"扭曲滤镜与"波浪"扭曲滤镜工作方式相同，但提供的选项较少，只能控制波纹的数量和波纹的大小。

【操作实例】使用"波纹"扭曲滤镜制作波纹效果。

步骤一：打开目录"素材/第 9 章"下的图片"9.jpg"，并使用 Ctrl+J 组合键复制图层。

步骤二：单击菜单栏"滤镜"→"扭曲"→"波纹"命令，此时会出现"波纹"对话框，如图 9-38 所示。

步骤三：在"波纹"对话框中设置好参数后，单击"确定"按钮得到最终效果如图 9-39 所示。

图 9-38　"波纹"扭曲滤镜参数设置

图 9-39　"波纹"扭曲滤镜效果图

3．"海洋波纹"扭曲滤镜

"海洋波纹"扭曲滤镜可以将随机分隔的波纹添加到图像表面，模拟海洋表面的波纹效果，使图像看起来好像是在水下。

【操作实例】使用"海洋波纹"扭曲滤镜制作如图 9-40 所示的效果。

步骤一：打开目录"素材/第 9 章"下的图片"10.jpg"，并使用 Ctrl+J 组合键复制图层。

图 9-40 "海洋波纹"扭曲滤镜效果图

步骤二：单击菜单栏的"滤镜"→"扭曲"→"海洋波纹"命令，此时会弹出"海洋波纹"滤镜参数设置面板，如图 9-41 所示。

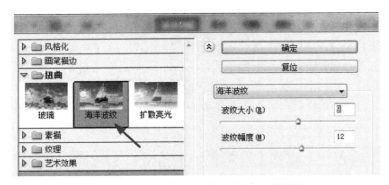

图 9-41 "海洋波纹"扭曲滤镜参数设置

步骤三：设置好参数后，单击"确定"按钮，此时得到最终效果如图 9-42 所示。

图 9-42 "海洋波纹"扭曲滤镜效果图

下面是"海洋波纹"扭曲滤镜参数说明。

波纹大小：设置生成波纹的大小。值越大，生成的波纹就越大。取值范围为 1～15。

波纹幅度：设置生成波纹的幅度大小。值越大，波纹的幅度就越大。取值范围为 0～20。

4．"极坐标"扭曲滤镜

"极坐标"扭曲滤镜沿图像坐标轴进行扭曲变形。它有两种设置：一种是将图像从平面坐标系统转换为极坐标系统；另外一种是将图像从极坐标转换为平面坐标。

【操作实例】使用"极坐标"扭曲滤镜制作如图 9-43 所示的效果。

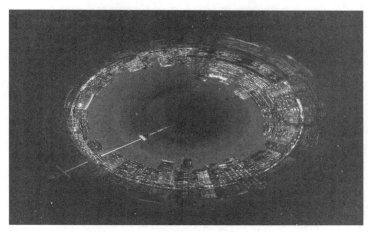

图 9-43 "极坐标"扭曲滤镜效果图

步骤一：打开目录"素材/第 9 章"下的图片"11.jpg"，如图 9-44 所示，并使用 Ctrl+J 组合键复制图层。

步骤二：单击菜单栏的"滤镜"→"扭曲"→"极坐标"命令，此时会弹出"极坐标"滤镜参数设置面板，如图 9-45 所示。

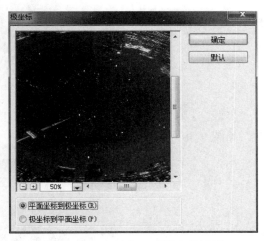

图 9-44 "极坐标"扭曲滤镜素材 　　　　图 9-45 "极坐标"滤镜参数设置

步骤三：设置好参数后，单击"确定"按钮，此时得到最终效果如图 9-43 所示。

"极坐标"扭曲滤镜参数说明如下：

平面坐标到极坐标：可以将平面直角坐标转换为极坐标，以此来扭曲图像。

极坐标到乎面坐标：可以将极坐标转换为平面直角坐标，以此来扭曲图像。

5. "挤压"扭曲滤镜

"挤压"扭曲滤镜是选择区域或整个图像产生向内或向外挤压变形的效果。

【**操作实例**】使用"挤压"扭曲滤镜制作如图 9-46 所示的效果。

图 9-46 "挤压"扭曲滤镜效果图

步骤一：打开目录"素材/第 9 章"下的图片"12.jpg"，如图 9-47 所示，并使用 Ctrl+J 组合键复制图层。

图 9-47 "挤压"扭曲滤镜图片素材

步骤二：单击菜单栏的"滤镜"→"扭曲"→"挤压"命令，此时会弹出"挤压"对话框，如图 9-48 所示。

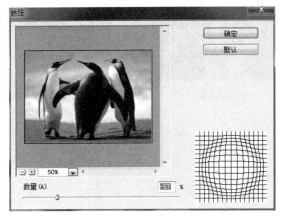

图 9-48 "挤压"扭曲滤镜参数设置

步骤三：设置好参数后，单击"确定"按钮，此时得到最终效果如图 9-46 所示。

"挤压"扭曲滤镜参数说明如下。

数量：向右拖动"数量"滑动指针到大于 0，可以看到向内挤压的效果；向左拖动"数量"滑动指针到小于 0，可以看到向外挤压的效果。

6. "水波"扭曲滤镜

"水波"扭曲滤镜可以模拟水池中的波纹，图像产生类似于向水池中投入石子后水面的变化形态，"水波"扭曲滤镜多用来制作水的波纹。

【操作实例】使用"挤压"扭曲滤镜制作如图 9-49 所示的效果。

图 9-49   "水波"扭曲滤镜效果图

步骤一：打开目录"素材/第 9 章"下的图片"13.jpg"，如图 9-50 所示，并使用 Ctrl+J 组合键复制图层。

图 9-50   打开"水波"扭曲滤镜素材

步骤二：单击菜单栏的"滤镜"→"扭曲"→"水波"命令，此时会弹出"水波"对话框，如图 9-51 所示。

步骤三：设置好参数后，单击"确定"按钮，此时得到最终效果如图 9-49 所示。

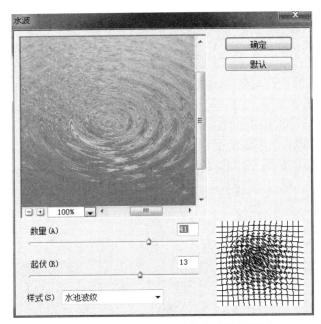

图 9-51 "水波"扭曲滤镜参数设置面板

下面是"水波"扭曲滤镜参数说明。

数量：设置生成波纹的强度，取值范围为-100～100，当值为负时，图像中心是波峰；当值为正时，图像中心是波谷。

起伏：设置生成水波纹的数量。值越大，波纹数量越多，波纹越密。

样式：设置置换像素的方式，包括围绕中心、从中心向外和水池波纹，围绕中心表示沿中心旋转变形。从中心向外表示从中心向外置换变形。水池波纹表示向左上或右下置换变形图像。

9.4.5 "锐化"滤镜组

应用锐化工具可以快速聚焦模糊边缘，提高图像中某一部位的清晰度或者焦距程度，使图像特定区域的色彩更加鲜明，但在应用锐化工具时，若勾选其选项栏中的"对所有图层取样"复选框，则可对所有可见图层中的图像进行锐化。在使用该工具时一定要适度，否则容易产生图片给人不真实的感觉。

1. "USM 锐化"滤镜

USM 锐化是一个常用的技术，简称 USM，是用来锐化图像边缘的。可以快速调整图像边缘细节的对比度，并在边缘的两侧生成一条亮线和一条暗线，使画面整体更加清晰。对于高分辨率的输出，通常锐化效果在屏幕上显示比印刷出来的更明显。

【操作实例】使用"USM 锐化"滤镜使相对模糊的图片变清晰。

步骤一：打开目录"素材/第 9 章"下的图片"14.jpg"，如图 9-52 所示，并使用 Ctrl+J 组合键复制图层。

步骤二：单击菜单栏的"滤镜"→"锐化"→"USM 锐化"命令，此时会弹出"USM 锐化"对话框，如图 9-53 所示。

步骤三：设置好参数后，单击"确定"按钮完成"USM 锐化"滤镜效果操作，"USM 锐化"前后对比如图 9-54 所示。

图 9-52　"USM 锐化"滤镜素材

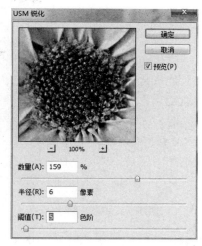

图 9-53　"USM 锐化"滤镜参数设置

图 9-54　"USM 锐化"前后对比图

下面是"USM 锐化"锐化滤镜参数说明。

数量：控制锐化效果的强度。

半径：指定锐化的半径。该设置决定了边缘像素周围影响锐化的像素数。图像的分辨率越高，半径设置应越大。

阈值：指相邻像素之间的比较值。该设置决定了像素的色调必须与周边区域的像素相差多少才被视为边缘像素，进而使用 USM 滤镜对其进行锐化。默认值为 0 时，将锐化图像中所有的像素。

2. "锐化"滤镜

"锐化"滤镜可以通过增加相邻像素点之间的对比，使图像清晰化，提高对比度，使画面更加鲜明，此滤镜锐化程度较为轻微，只能产生简单的锐化效果，无详细的调节参数。

3. "进一步锐化"滤镜

"进一步锐化"滤镜可以产生强烈的锐化效果，用于提高对比度和清晰度；"进一步锐化"滤镜比"锐化"滤镜应用更强的锐化效果；应用"进一步锐化"滤镜可以获得执行多次"锐化"滤镜的效果；"进一步锐化"滤镜无详细的调节参数。

4．"锐化边缘"滤镜

"锐化边缘"滤镜只锐化图像的边缘，同时保留总体的平滑度；使用此滤镜在不指定数量的情况下锐化边缘；"锐化边缘"滤镜无详细的调节参数。

5．"智能锐化"滤镜

"智能锐化"滤镜补充和扩展了"USM 锐化"滤镜，它具有"USM 锐化"滤镜所没有的锐化控制功能，可以设置锐化算法，或控制在阴影和高光区域中的锐化量，而且能避免色晕等问题，起到使图像细节清晰起来的作用。对于大场景的照片，或是有虚焦的照片，还有因轻微晃动造成拍虚的照片，使用"智能锐化"滤镜都可相对提高清晰度，找回图像细节。建议大家修片之前先进行图像的锐化处理，从而尽可能地减小因修片带来的画质损失。

9.4.6 "像素化"滤镜组

"像素化"滤镜组中的滤镜会将图像转换成平面色块组成的图案，并通过不同的设置达到截然不同的效果。该滤镜组中包括"彩块化""彩色半调""点状化""晶格化""马赛克""碎片"和"铜版雕刻"等 7 个滤镜。

1．"点状化"滤镜

"点状化"滤镜将图像中的颜色分散为随机分布的网点，就像点派的绘画风格一样。使用该滤镜时，可用"单元格大小"来控制网点的大小。

【操作实例】使用"点状化"滤镜实现图像的点状化效果。

步骤一：打开目录"素材/第 9 章"下的图片"15.jpg"，如图 9-55 所示，并使用 Ctrl+J 组合键复制图层。

图 9-55　"点状化"滤镜素材

步骤二：单击菜单栏的"滤镜"→"像素化"→"点状化"命令，此时会弹出"点状化"对话框，如图 9-56 所示。

步骤三：设置好参数后，单击"确定"按钮完成"点状化"滤镜效果操作，最终的效果如图 9-57 所示。

2．"晶格化"滤镜

"晶格化"滤镜将图像中的像素结块为纯色的多边形，产生类似结晶颗粒的效果。使用该滤镜时，可用"单元格大小"来控制多边形色块的大小。

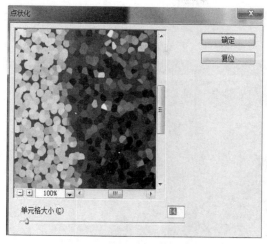

图 9-56　"点状化"对话框

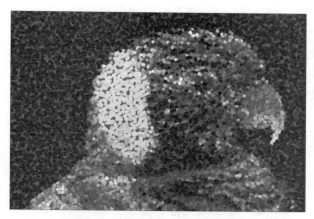

图 9-57　"点状化"滤镜效果图

【操作实例】使用"点状化"滤镜实现图像的点状化效果。

步骤一：打开目录"素材/第 9 章"下的图片"16.jpg"，如图 9-58 所示，并使用 Ctrl+J 组合键复制图层。

图 9-58　"晶格化"滤镜素材

步骤二：单击菜单栏的"滤镜"→"像素化"→"晶格化"命令，此时会弹出"晶格化"对话框，如图 9-59 所示。

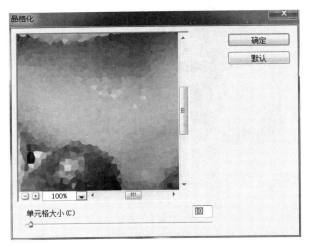

图 9-59　"晶格化"滤镜参数设置

步骤三：设置好参数后，单击"确定"按钮完成"晶格化"滤镜效果操作，最终的效果如图 9-60 所示。

图 9-60　"晶格化"滤镜效果图

3. "马赛克"滤镜

"马赛克"滤镜模拟使用马赛克拼图的效果。使用该滤镜时，可用"单元格大小"来设置马赛克的大小。值越大，马赛克就越大。取值范围为 2～200。

【操作实例】使用"马赛克"滤镜实现图像马赛克效果。

步骤一：打开目录"素材/第 9 章"下的图片"17.jpg"，如图 9-61 所示，并使用 Ctrl+J 组合键复制图层。

步骤二：使用"快速选择工具"在图像窗口中创建选区，如图 9-62 所示。

步骤三：单击菜单栏中的"滤镜"→"像素化"→"马赛克"命令，此时会出现"马赛克"对话框，如图 9-63 所示。

步骤四：设置好参数后单击"确定"按钮完成"马赛克"滤镜效果操作，最终的效果如图 9-64 所示。

图 9-61　"马赛克"滤镜素材

图 9-62　创建选区

图 9-63　"马赛克"滤镜参数设置

图 9-64　"马赛克"滤镜效果图

4. "碎片"滤镜

　　"碎片"滤镜可以把图像的像素复制 4 次，再将它们平均分布，并使其相互偏移，使图像产生一种类似于相机没有对准焦距所拍摄出的效果模糊的照片。

　　【操作实例】使用"碎片"滤镜实现图像效果。

　　步骤一：打开目录"素材/第 9 章"下的图片"18.jpg"，如图 9-65 所示，并使用 Ctrl+J 组合键复制图层。

图 9-65　"碎片"滤镜素材图片

步骤二：单击菜单栏的"滤镜"→"像素化"→"碎片"命令，此时便完成了"碎片"滤镜效果操作，最终的效果如图 9-66 所示。

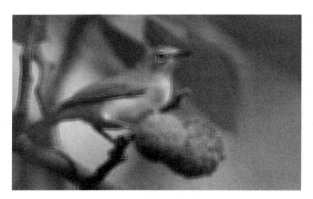

图 9-66　"碎片"滤镜效果图

9.4.7　"渲染"滤镜组

"渲染"滤镜组用于在图像中创建云彩、折射和模拟光线等。该滤镜组中包括"分层云彩""光照效果"和"镜头光晕"等。

1. "分层云彩"渲染滤镜

"分层云彩"滤镜使用前景色和背景色随机产生云彩图案，但生成的云彩图案不会替换原图，而是按差值模式与原图混合。"分层云彩"滤镜可以将云彩数据和现有的像素混合，其方式与"差值"模式混合颜色的方式相同，第一次使用"分层云彩"滤镜时，图像的某些部分被反相为云彩图案，多次应用"分层云彩"滤镜之后，也可以创建出与大理石纹理相似的凸缘与叶脉图案。

【操作实例】使用"分层云彩"滤镜实现图像效果。

步骤一：使用 Ctrl+N 组合键新建一个空白文档，如图 9-67 所示。

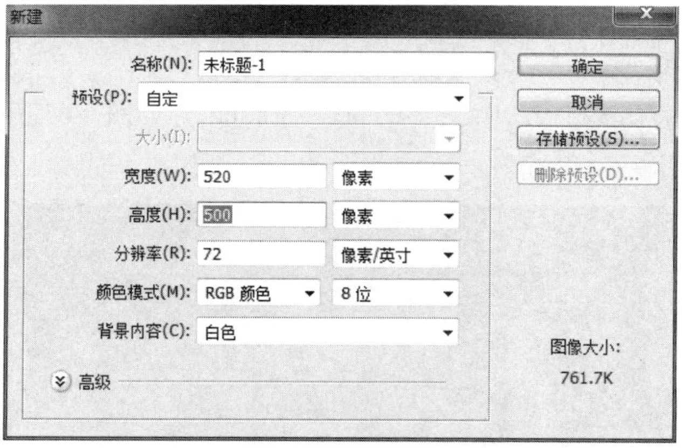

图 9-67　新建空白文档

步骤二：按键盘 D 键将前景色和背景色恢复为默认的黑、白色。

步骤三：在菜单栏单击"滤镜"→"渲染"→"分层云彩"命令，"分层云彩"渲染滤镜没有对话框，效果如图 9-68 所示。

步骤四：使用 Ctrl+F 组合键多次执行"分层云彩"渲染滤镜来随机地创建不同的分层云彩效果，如图 9-69 所示。

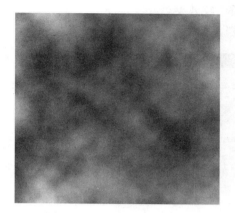

图 9-68 "分层云彩"滤镜

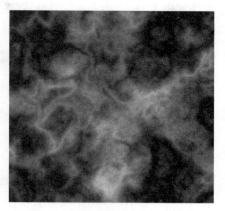

图 9-69 随机"分层云彩"滤镜效果

步骤五：也可以将"分层云彩"渲染滤镜应用到图片上。先打开目录"素材/第 9 章"下的图片"19.jpg"，如图 9-70 所示。再将前景色设置为红色，背景色设置为黄色，对图片进行执行"分层云彩"渲染滤镜，当然也可以使用 Ctrl+F 组合键多次执行"分层云彩"渲染滤镜来随机地创建不同的分层云彩效果，如图 9-71 所示。

图 9-70 "分层云彩"滤镜素材

图 9-71 "分层云彩"滤镜应用在图片上的效果图

2. "纤维"渲染滤镜

"纤维"渲染滤镜可以将前景色和背景色进行混合处理，生成具有纤维效果的图像。

【操作实例】使用"纤维"渲染滤镜实现木质条纹效果。

步骤一：使用 Ctrl+N 组合键新建一个空白文档，如图 9-72 所示。

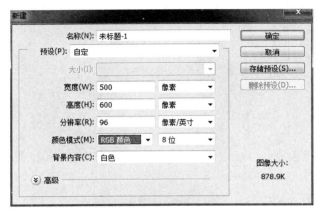

图 9-72　新建空白文档

步骤二：在菜单栏单击"滤镜"→"渲染"→"纤维"命令，打开"纤维"对话框，如图 9-73 所示。

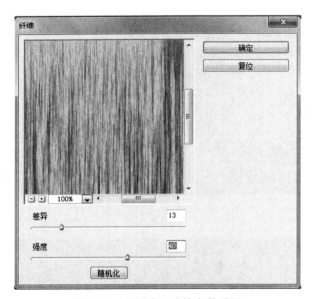

图 9-73　"纤维"滤镜参数设置

步骤三："纤维"滤镜参数设置完成后，单击"确定"按钮，此时会看到如图 9-74 所示的效果。

下面对"纤维"渲染滤镜参数进行说明。

差异：设置纤维细节变化的差异程度，值越大，纤维的差异性就越大，图像越粗糙。

强度：设置纤维的对比度。值越大，生成的纤维对比度就越大，纤维纹理越清晰。

随机化：单击该按钮，可以在相同参数的设置下，随机产生不同的纤维效果。

图 9-74 "纤维"滤镜效果图

9.5 综合实例

本实例制作效果如图 9-75 所示的火焰文字。通过学习本实例,重点掌握文字工具,掌握风吹滤镜、扩散滤镜、高斯模糊滤镜等综合应用,实现该效果的具体操作步骤如下。

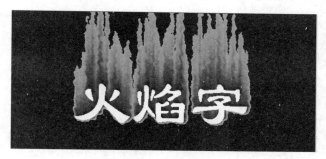

图 9-75 火焰文字效果

步骤一:设置背景色为黑色,前景色为白色。新建宽度为 560 像素、高度为 260 像素、颜色模式为 RGB 颜色、背景为黑色的画布。

步骤二:使用文字工具箱中的横排文字蒙版工具。输入字体为"隶书"、大小为 120 点的文字"火焰字"。使用工具箱中的套索工具将文字移到画布中间偏下处,如图 9-76 所示。

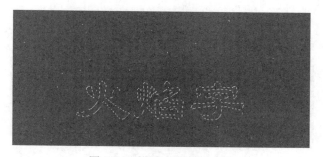

图 9-76 横排文字蒙版工具

步骤三:单击"编辑"→"拷贝"菜单命令,将选区内的黑色"火焰字"文字复制到剪贴板。

步骤四：按 Alt+Delete 组合键，给文字选区内填充前景色白色。按 Ctrl+D 组合键取消选区，如图 9-77 所示。

图 9-77 填充白色

步骤五：单击"图像"→"旋转画布"→"90 度（顺时针）"命令，如图 9-78 所示。

步骤六：单击"滤镜"→"风格化"→"风"命令，打开"风"对话框。设置如图 9-79 所示。单击"确定"按钮。单击"滤镜"→"风"命令，重复三次，即可得到刮风效果的文字图像。

图 9-78 顺时针旋转 90 度

图 9-79 "风"对话框

步骤七：单击"图像"→"旋转画布窗口"→"90 度（逆时针）"命令，如图 9-80 所示。

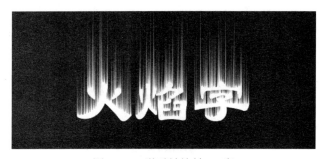

图 9-80 逆时针旋转 90 度

步骤八：单击"滤镜"→"风格化"→"扩散"命令，打开"扩散"对话框，设置如图 9-81 所示，即可得到火焰扩散效果，如图 9-82 所示。

图 9-81 "扩散"对话框

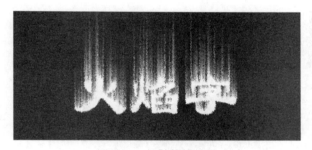

图 9-82 扩散滤镜效果

步骤九：单击"滤镜"→"模糊"→"高斯模糊"命令，设置如图 9-83 所示，单击"确定"按钮。

步骤十：单击"滤镜"→"扭曲"→"波纹"命令，设置如图 9-84 所示，单击"确定"按钮。

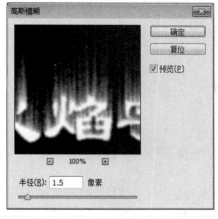

图 9-83 "高斯模糊"对话框

图 9-84 "波纹"对话框

步骤十一：单击"图像"→"模式"→"索引颜色"命令，设置如图 9-85 所示，单击"确定"按钮。

图 9-85　"索引颜色"对话框

步骤十二：单击"图像"→"模式"→"颜色表"命令，设置如图 9-86 所示，单击"确定"按钮。

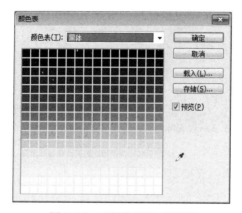

图 9-86　"颜色表"对话框

步骤十三：单击"编辑"→"粘贴"命令，将黑色的"火焰字"文字粘贴到画布中，调整黑色的"火焰字"文字到画布的"火焰字"文字之上。

步骤十四：设置前景色为金黄色，按 Alt+Delete 组合键，给文字选区内填充金黄色，然后，按 Ctrl+D 组合键，取消选区，得到最终效果如图 9-75 所示。

本章习题

1. 下列（　　）滤镜可加载一个通道作为纹理图案。
　　A．锐化　　　　　　B．置换　　　　　　C．3D 变换　　　　D．照明效果
2. 使用下列（　　）滤镜可使图像边缘变得柔和。
　　A．模糊　　　　　　B．加入杂质　　　　C．蒙灰与划痕　　　D．照明效果
3. 一旦创建快照后，删除制作快照前的步骤，可节省＿＿＿＿＿＿。

4．Photoshop 滤镜分为_____和_____两类。

5．内置式滤镜随 Photoshop 安装在_____下。

6．在设置 Photoshop 的"历史"面板时，如选中"自动创建第一个快照"，则系统自动将_____创建为快照。

任务拓展

利用所学的知识，对所提供的素材图片（"素材/第 9 章/任务拓展"目录下的图片"1.jpg"，如图 9-87 所示）进行处理，最终达到如图 9-88 所示的效果。

图 9-87　原图示例

图 9-88　效果图

第 10 章　综合应用案例

案例一　公益海报制作

一、案例描述

该案例主要运用三色通道的知识实现对火焰进行抠选，制作出一张森林防火的公益海报。最终效果如图 10-1 所示。

图 10-1　效果图

二、制作步骤

步骤一：打开目录"素材/第 10 章"下的图片"1.jpg"，如图 10-2 所示。单击"通道"，选择红色通道，单击"载入选区"，如图 10-3 所示。

图 10-2　火焰原图

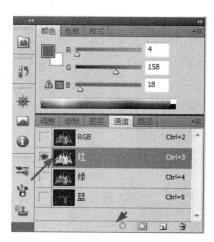

图 10-3　载入选区

步骤二：回到图层，新建一个图层。设置前景色为红色，RGB 值为(255,0,0)，按 Alt+Delete 组合键填充前景色，如图 10-4 和图 10-5 所示。

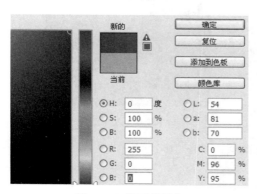

图 10-4　设置前景色

图 10-5　填充前景色

步骤三：关闭图层中的眼睛，如图 10-6 所示。接着按照以上步骤将绿色通道、蓝色通道选区载入，填充，如图 10-7 和图 10-8 所示。

图 10-6　关闭"眼睛"

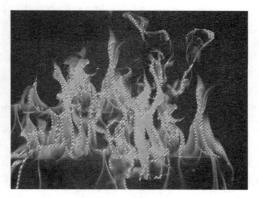

图 10-7　绿色通道

图 10-8　蓝色通道

步骤四：取消选择，打开"眼睛"。再新建一个图层 4，拖拽使之成为最底图层。

步骤五：将火焰的三个图层改成滤色，如图 10-9 和图 10-10 所示。

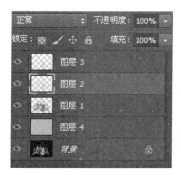

图 10-9　正常状态

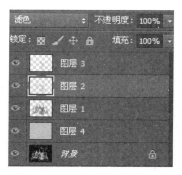

图 10-10　改为滤色

步骤六：将三个火焰图层全选，右击，合并图层，如图 10-11 所示。

图 10-11　合并图层

步骤七：打开目录"素材/第 10 章"下的图片"2.jpg"，如图 10-12 所示，并使用移动工具将"1.jpg"窗口中的火焰移动至"2.jpg"窗口。使用文字工具，写上标语"防森林火灾」保绿色家园」筑生态屏障"，做出一个防火的公益海报。增加一个黑色图层，调整不透明度为70%，最终效果如图 10-1 所示。

图 10-12　素材

案例二 车辆宣传海报制作

一、案例描述

该案例主要通过各种工具的抠图搭建出想要的云彩组合图案；再加入汽车图案，根据光源位置调整局部明暗程度，轮胎位置要增加动感气流；最后把车和云完美融合，并渲染好颜色，制作出一张车辆宣传海报，最终效果如图 10-13 所示。

图 10-13　最终效果图

二、制作步骤

步骤一：打开目录"素材/第 10 章"下的图片"3.jpg"，如图 10-14 所示。这里先抠出车子，并转为智能对象备用，如图 10-15 所示。

图 10-14　素材图片

图 10-15　抠出汽车图案

　　步骤二：云朵抠图。注意：所用的云朵为目录"素材/第 10 章"下的图片"云朵素材 1.jpg" "云朵素材 2.jpg"和"云朵素材 3.jpg"，云朵素材示例如图 10-16 至图 10-18 所示。在红色通道里面抠出，把云和天分离，较为明确的分离。抠出来，使用组合键 Ctrl+Shift+U 去色处理，备用，如图 10-19 所示（其他云朵素材抠图同理）。

图 10-16　云朵素材 1

图 10-17　云朵素材 2

图 10-18 云朵素材 3

图 10-19 云朵抠图效果

步骤三：用曲线对那些暗部过多的云进行调亮处理，让它们更加白一些，然后复制、变形、放置、蒙版擦拭，构建一个环境，如图 10-20 所示。

图 10-20 调亮

步骤四：在最下层放一个蓝色背景来观察。这里构造的是一个左边的云层窝状，右边留白。如图 10-21 中的图层所示，要灵活地分别在汽车层的上下来构建环境，让云朵和汽车发生遮挡关系。修饰蒙版的画笔用"柔焦画笔"，质地比较接近云。

图 10-21　调试蒙版

步骤五：接下来就是调色的部分了。这里思路是提高对比度，毕竟白色的车身显得比白云更加白了。调色要用蒙版来控制。这里主要调节的是云，车身记得保护起来，如图 10-22 和图 10-23 所示。

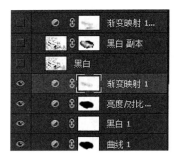

图 10-22　调色

图 10-23　调色后效果

案例三 设计"古道茶香"网站导航

一、案例描述

本案例主要利用本课程所学知识，借助提供的素材，设计网站的导航，网站的标题为"古道茶香"，导航的内容为"网站首页""关于我们""新闻动态""产品中心""给我留言""联系我们"。本案例主要考查我们的分析能力与设计能力。

二、制作步骤

步骤一：新建一个文档，宽度为 1000px，高度为 120px，名称为"古道茶香网站导航"，如图 10-24 所示。

图 10-24　新建文档

步骤二：单击"矩形工具"按钮后，在属性栏上设置相关属性，类型为"形状图层"，颜色值为"#66973C"，如图 10-25 所示。

图 10-25　设置矩形工具属性

步骤三：在画布上拉出任意大小的长方形，如图 10-26 所示。

图 10-26　绘制长方形

步骤四：使用组合键 Ctrl+T 激活自由变换工具，并设置该工具的属性，如图 10-27 所示，设置完成后得到如图 10-28 所示的效果。

图 10-27　设置自由变换工具属性

图 10-28　长方形效果

步骤五：使用横排文字工具输入文字"古道茶香"，并将字体设置为黑体，大小为 33，消除锯齿的方法为浑厚，字体的颜色为白色，字符的字距为 100，设置完成后得到如图 10-29 所示的效果。

图 10-29　输入字体后的效果

步骤六：选中"古道茶香"图层，单击图层下方的 *fx.* 按钮，然后选择"投影"选项，如图 10-30 所示；在弹出的对话框中单击"确定"按钮，此时文字"古道茶香"就增加了投影效果，如图 10-31 所示。

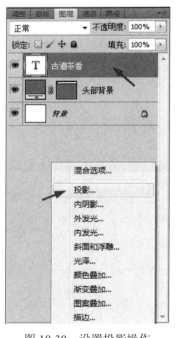

图 10-30　设置投影操作

图 10-31　投影效果

步骤七：使用"横排文字工具"依次输入导航内容"网站首页""关于我们""新闻动态""产品中心""给我留言""联系我们"，字体为微软雅黑，大小为 21，字体颜色为白色，输入完成后，图层情况如图 10-32 所示，导航的效果如图 10-33 所示。

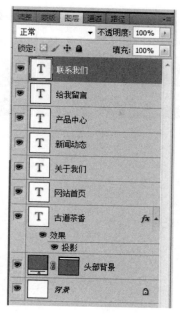

图 10-32　图层情况

图 10-33　导航效果

步骤八：使用"圆角矩形工具"制作导航内容"网站首页"背景，该背景在网页中体现为：指针放到文字"网站首页"上时出现该背景，移开时该背景消失。添加背景后的导航如图 10-34 所示（注意：由于背景颜色为白色，因此，需要把导航文字"网站首页"的颜色调为黑色）。

图 10-34　添加导航文字"网站首页"背景效果

步骤九：打开目录"素材/第 10 章"下的图片"4.jpg"，把茶叶抠出来，如图 10-35 所示。

图 10-35　抠出茶叶

步骤十：使用"移动工具"把抠出的茶叶移到古道茶香文档，调整茶叶的大小和图层位置，得到最终效果如图 10-36 所示。

图 10-36　最终效果

附录一　全国计算机信息高新技术考试

图形图像处理（Photoshop 平台）图像制作员级考试

考试大纲

第一单元　选区　15 分

1. 建立选区：掌握各种选择工具的使用和面板设定功能。熟悉全选、反选、颜色选取、选区修改、羽化和选区的存储与载入等选择菜单。了解 Alpha 通道与选区、蒙版的基本关系。
2. 选区编辑：掌握复制、粘贴、描边、填充、变换、定义图案等。选区的各种变换操作方法。图像的裁切、画布调整方法。
3. 效果装饰：了解物体造型、构图，能够使用立体阴影、背景等表现作品。

第二单元　绘画　15 分

1. 绘画设定：掌握画笔工具、铅笔工具、印章工具和渐变工具等绘画工具的使用方法。
2. 绘画润饰：掌握大小、柔和画笔、动态画笔等各种类型画笔的设定。
3. 效果处理：了解色彩、色彩理论、对比度、同类色，能够绘画简单作品。

第三单元　色调　15 分

1. 图像编辑：了解 Bitmap、Grayscale、Duotone、Indexed Color、RGB、CMYK 等各种图像色彩模式。
2. 色彩调整：掌握 Adjust 菜单中的各种色彩调整命令。了解图像修饰工具的使用方法。
3. 效果修饰：了解水粉画、油画、写意、速描等图画类型，了解使用色调表现意境的概念。

第四单元　绘图　10 分

1. 绘制图形：掌握各种路径和文字工具的使用方法。了解"路径"面板的使用。
2. 图形编辑：掌握路径的填充、描边和转换选区等编辑方法。
3. 效果修饰：了解矢量图形的特点，与点阵图像的关系，计算表现特性。

第五单元　图层　15 分

1. 建立图层：掌握新建、调整、复制、剪切、删除等各种常用处理图层的方法。
2. 图层编辑：了解图层的透明度、层信息、合并和调整。掌握图层样式、图层调整、图层蒙版和剪切组等变换方法。
3. 效果装饰：了解图层的混合模式的基本功能。

第六单元　滤镜　10 分

内置滤镜：了解 Photoshop 各类滤镜，掌握常用内置滤镜参数的设置和基本效果。

第七单元　网页　10 分

1．基本图形：了解各种网页按钮，切片处理，图像优化。

2．编辑调整：掌握图像翻转，图层动画的制作，了解制作网页动画的常用方法。

3．效果装饰：具有修饰网页的美术效果的能力。

第八单元　应用　10 分

1．基本编辑：以正确的文件方式导入素材文件，熟练掌握图像之间的转换方法。

2．图像特效：综合使用 Photoshop 的各种编辑方法。

3．效果装饰：根据作品的特点进行润色修饰，了解字体设计、广告设计、包装设计和装帧设计等实际应用的常用规则和方法。

附录二　全国计算机信息高新技术考试
图形图像处理（Photoshop 平台）高级图像制作员级考试
考试大纲

第一单元　选择技巧及图像编辑　15 分

1. 建立选区：精通各个选择工具和命令的使用方法，精确地选取复杂形状的物体；正确建立选区的形状与组合运用。

2. 修改变换：对选区进行各种变换操作，了解选区与通道的关系和转换方法。

3. 编辑调整：熟练使用各个编辑命令，正确理解其内涵和组合操作；能够与其他功能综合应用。

4. 效果修饰：能够与其他功能组合修饰效果图。

第二单元　绘画技法及色彩校正　10 分

1. 绘画涂抹：精通各种绘画工具的使用技巧；能够临摹美术作品，绘制卡通图画；具有描绘物体的基本能力。

2. 色彩色调：掌握色彩原理和色库管理；正确对图像进行调整校色彩和色调处理。

3. 编辑修饰：熟练掌握各种编辑修饰工具的各种方法以及与其他功能的综合运用。

4. 效果合成：掌握一定创意修饰图像的方法。

第三单元　绘制矢量图形　10 分

1. 绘制图形：熟练使用钢笔、形状、文字等矢量工具；掌握路径曲线的各种变换方法；具有勾画复杂图形轮廓的能力。

2. 填充图形：对图形进行正确填色和变化应用。

3. 编辑变换：精通与其他功能的综合应用，编辑制作图形效果；掌握图形与图像的转换和综合应用。

4. 效果修饰：能够与其他功能结合绘制和修饰效果图。

第四单元　使用图层合成图像　15 分

1. 建立图层：准确建立各种图层，精通图层合成图像的各种方法。

2. 图层效果：精通各种图层效果和样式的使用方法。

3. 图层编辑：掌握使用图层蒙版和编组等特效命令的方法；结合色彩掌握图层调整技巧。

　3A. 图层模式：准确理解图层混合原理。

4. 效果修饰：掌握一定修饰图像的技巧。

第五单元　通道、蒙版和动作　15 分

1．创建通道：深入理解和使用通道的方法。
2．通道变换：精于 Alpha 通道的使用和变换技巧；熟练使用蒙版合成图像。
3．通道应用：结合图层和滤镜等制作各种特殊效果。
4．效果修饰：结合其他功能掌握图像修饰创意的方法。
　　1A．创建记录：掌握创建记录的方法。
　　2A．记录编辑：熟悉调整编辑记录的内容的方法。
　　3A．应用记录：掌握动作自动批处理的技巧。

第六单元　特效滤镜　10 分

1．基础素材：掌握导入和制作素材的方法；了解滤镜的类别和功能。
2．滤镜操作：了解 KPT6、KPT7、Xenofex1.1、EyeCandy4000；AutoF/XPhoto/Edge 等外挂滤镜和 Photoshop 内置滤镜的使用方法。
3．调整选项：掌握滤镜选项的调整技巧；结合通道和图层的综合使用。

第七单元　制作 Web 网页　10 分

1．素材背景：掌握制作网页背景的方法。
2．编辑变换：熟练制作各种网页按钮。
　　2A．制作动画：精通制作网页动画的方法。
3．效果修饰：具有修饰网页的美术效果的能力。
4．发布网页：正确制作图像映射和添加链接；掌握切片和优化网页的方法。

第八单元　综合实际应用　15 分

1．导入文件：以正确的文件格式导入素材文件。
2．文件转换：能够正确存储文件格式，在软件之间进行转换。
3．其他软件：结合 3ds Max 软件制作立体效果；使用 Painter 软件增强 Photoshop 绘画的方法；具有与其他设计软件的综合运用能力。
4．效果输出：能够正确地使用文件格式从其他软件转换回到 Photoshop 软件内。
　　1A．选区变换：能够建立复杂的选区形状，进行变形处理形成物体。
　　2A．编辑造型：综合使用 Photoshop 的各种编辑技法。
　　3A．绘画调整：对形状物体进行润色修饰产生较强的真实效果。
　　4A．效果修饰：具有一定创意设计水平，能够制作风格独特的作品；能够独立完成整个设计流程工作。

附录三 全国高等学校计算机水平考试 II 级 "Photoshop 图像处理与制作" 考试大纲及样题（试行）

一、考试目的与要求

"Photoshop 图像处理与制作"是一门实践性很强的技术入门课程，兼具设计性、实操性和应用性。本课程的主要任务是培养学生了解图像处理和平面设计所需的基本知识和实际技能。

本课程以讲解平面设计理念和 Photoshop 软件使用为主，旨在培养学生掌握，为进一步学习打下基础。

通过对"Photoshop 图像处理与制作"课程的学习，使学生初步掌握图像处理和平面设计所必备的知识。"Photoshop 图像处理与制作"考试大纲是为了检查学生是否具备这些技能而提出的操作技能认定要点。操作考试要求尽量与实际应用相适应。

考试的基本要求如下：

1．掌握图像处理的基本概念和基础知识。

2．掌握 Photoshop 平台的基本操作和使用方法。

3．了解图像处理的一般技巧。

4．熟练掌握图层、蒙版、选区、路径、滤镜的概念和一般操作。

注：①考试环境要求：Photoshop CS4 或以上版本；②由于考试保密的需要，要求考试期间必须断开外网（因特网）。

二、考试内容

（一）图层

【考试要求】

掌握图层的工作原理和基本操作。

【操作考点】

熟练掌握图层的新建、复制、删除、移动、锁定、透明度调整等，通过图层的操作制作各式各样的图片。

（二）选区

【考试要求】

熟练掌握选区的概念，并灵活使用选区限定图层操作的范围。

【操作考点】

掌握使用选框工具、套索工具和魔棒工具建立选区的方法，运用选区的多种运算法则对选区进行修改和编辑，通过键盘快捷键的配合移动或复制选区内的像素。

（三）图层蒙版

【考试要求】

熟练掌握图层蒙版的建立，并使用蒙版完成图像的合成。

【操作考点】

蒙版添加的位置、添加的方法、使用蒙版调整图层透明度的方法，将多张图片转换为一个 PSD 文件中的多个图层的方法。

（四）路径

【考试要求】

熟练使用路径工具创建选区、描边和填充形状。

【操作考点】

路径的创建、运算法则，路径的修复和调整，路径的填充、描边，路径与文字工具的配合使用。

（五）滤镜

【考试要求】

了解和掌握 Photoshop 中滤镜的种类的用途。

【操作考点】

滤镜的类别，与图层、选区、历史记录面板等工具混合使用产生各种特殊效果。

三、考试方式

机试（考试时间：105 分钟）。

考试试题题型：单选题 20 题（每题 1 分），操作题 5 题（每题 8 分），设计题 2 题（每题 20 分）。

四、教材或参考书

《Photoshop 图像处理技术》，中国铁道出版社，2006 年 7 月。ISBN: 978-7-113-07292-6。

五、考试样题

（一）单选题及参考答案

1. 下列（   ）是 Photoshop 图像最基本的组成单元。

    A．节点   B．色彩空间   C．像素   D．路径

参考答案：[C]

2. 图像必须是（   ）模式，才可以转换为位图模式。

    A．RGB   B．灰度   C．多通道   D．索引颜色

参考答案：[B]

3. 索引颜色模式的图像包含（   ）种颜色。

    A．2   B．256   C．约 65000   D．1670 万

参考答案：[B]

4. 当将 CMKY 模式的图像转换为多通道时，产生的通道名称是（   ）。

    A．青色、洋红和黄色

    B．四个名称都是 Alpha 通道

C. 四个名称为 Black（黑色）的通道

D. 青色、洋红、黄色和黑色

参考答案：[D]

5. 当图像是（ ）模式时，所有的滤镜都不可以使用。

A. CMYK   B. 灰度   C. 多通道   D. 索引颜色

参考答案：[D]

6. 若想增加一个图层，但是图层调色板下面的 "创建新图层" 按钮是灰色不可选，原因是（ ）。

A. 图像是 CMYK 模式   B. 图像是双色调模式

C. 图像是灰度模式   D. 图像是索引颜色模式

参考答案：[D]

7. CMYK 模式的图像有（ ）个颜色通道。

A. 1   B. 2   C. 3   D. 4

参考答案：[D]

8. 在 Photoshop 中允许一个图像的显示的最大比例范围是（ ）。

A. 100%   B. 200%   C. 600%   D. 1600%

参考答案：[D]

9. （ ）可以移动一条参考线。

A. 选择移动工具拖动

B. 无论当前使用何种工具，按住 Alt 键的同时单击

C. 在工具箱中选择任何工具进行拖动

D. 无论当前使用何种工具，按住 Shift 键的同时单击

参考答案：[A]

10. （ ）能以 100% 的比例显示图像。

A. 在图像上按住 Alt 键的同时单击鼠标

B. 选择 "视图" → "满画布显示" 命令

C. 双击 "抓手工具"

D. 双击 "缩放工具"

参考答案：[D]

11. "自动抹除" 选项是（ ）栏中的功能。

A. 画笔工具   B. 喷笔工具

C. 铅笔工具   D. 直线工具

参考答案：[C]

12. （ ）可以用 "仿制图章工具" 在图像中取样。

A. 在取样的位置单击鼠标并拖拉

B. 按住 Shift 键的同时单击取样位置来选择多个取样像素

C. 按住 Alt 键的同时单击取样位置

D. 按住 Ctrl 键的同时单击取样位置

参考答案：[C]

13. （ ）选项可以将图案填充到选区内。

　　A．画笔工具　　　　　　　　　　B．图案图章工具

　　C．橡皮图章工具　　　　　　　　D．喷枪工具

参考答案：[B]

14．下面对模糊工具功能的描述中，（　　）是正确的。

　　A．模糊工具只能使图像的一部分边缘模糊

　　B．模糊工具的压力是不能调整的

　　C．模糊工具可降低相邻像素的对比度

　　D．如果在有图层的图像上使用模糊工具，只有所选中的图层才会起变化

参考答案：[C]

15．当编辑图像时，使用减淡工具可以达到（　　）的目的。

　　A．使图像中某些区域变暗　　　　B．删除图像中的某些像素

　　C．使图像中某些区域变亮　　　　D．使图像中某些区域的饱和度增加

参考答案：[C]

16．下面（　　）可以减少图像的饱和度。

　　A．加深工具

　　B．减淡工具

　　C．海绵工具

　　D．任何一个在选项面板中有饱和度滑块的绘图工具

参考答案：[C]

17．下列（　　）可以选择连续的相似颜色的区域。

　　A．矩形选择工具　　　　　　　　B．椭圆选择工具

　　C．魔术棒工具　　　　　　　　　D．磁性套索工具

参考答案：[C]

18．在"色彩范围"对话框中为了调整颜色的范围，应当调整（　　）数值。

　　A．反相　　　　　　　　　　　　B．消除锯齿

　　C．颜色容差　　　　　　　　　　D．羽化

参考答案：[C]

19．（　　）的操作可以复制一个图层。

　　A．选择"编辑"→"复制"

　　B．选择"图像"→"复制"

　　C．选择"文件"→"复制图层"

　　D．将图层拖放到"图层"面板下方"创建新图层"图标上

参考答案：[D]

20．字符文字可以通过（　　）命令转化为段落文字。

　　A．转化为段落文字　　　　　　　B．文字

　　C．链接图层　　　　　　　　　　D．所有图层

参考答案：[A]

（二）操作题

1．打开 old.jpg，使用 Photoshop 工具箱中的工具将折痕去除（将完成作品保存成 jpg 格式）。

2. 打开 "图层练习.psd" 文件，通过各种图层的操作制作出下列三幅 jpg 图片。

3. 使用渐变工具等制作圆锥（将完成作品保存成 jpg 格式）。

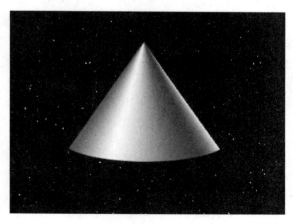

4. 打开使用 Photoshop 的调整工具处理曝光不足的照片（将完成作品保存成 jpg 格式）。

5. 将图中的黄色背景换成浅蓝色，RGB 值为(3,253,232)（将完成作品保存成 jpg 格式）。

（三）设计题

1. 打开文件夹 0301，从其中任选 3～5 张图片，发挥创意，设计出一个广告宣传海报。要求将每个设计元素都单独建立一个图层，使得改卷老师可以看清作品大概的制作步骤，最终结果保存成 0301.jpg 和 0301.psd。

2. 打开文件夹 0302，从其中任选 3～5 张图片，发挥创意，设计出一个网站页面。要求将每个设计元素都单独建立一个图层，使得改卷老师可以看清作品大概的制作步骤，最终结果保存成 0302.jpg 和 0302.psd。

参考文献

[1]　庄志蕾，李蓉. 图像处理基础教程（Photoshop CS5）（第 2 版）. 北京：人民邮电出版社，2016.

[2]　石利平. 中文版 Photoshop CS6 图形图像处理案例教程. 北京：中国水利水电出版社，2015.

[3]　耿晓武. Photoshop 实战应用微课视频教程（全彩版）. 北京：人民邮电出版社，2017.

[4]　姚鹏，张波. 中文版 Photoshop CS5 图像处理实用教程. 北京：清华大学出版社，2012.

[5]　凌韧方. Photoshop 平面设计实例教程（任务驱动模式）. 北京：机械工业出版社，2013.